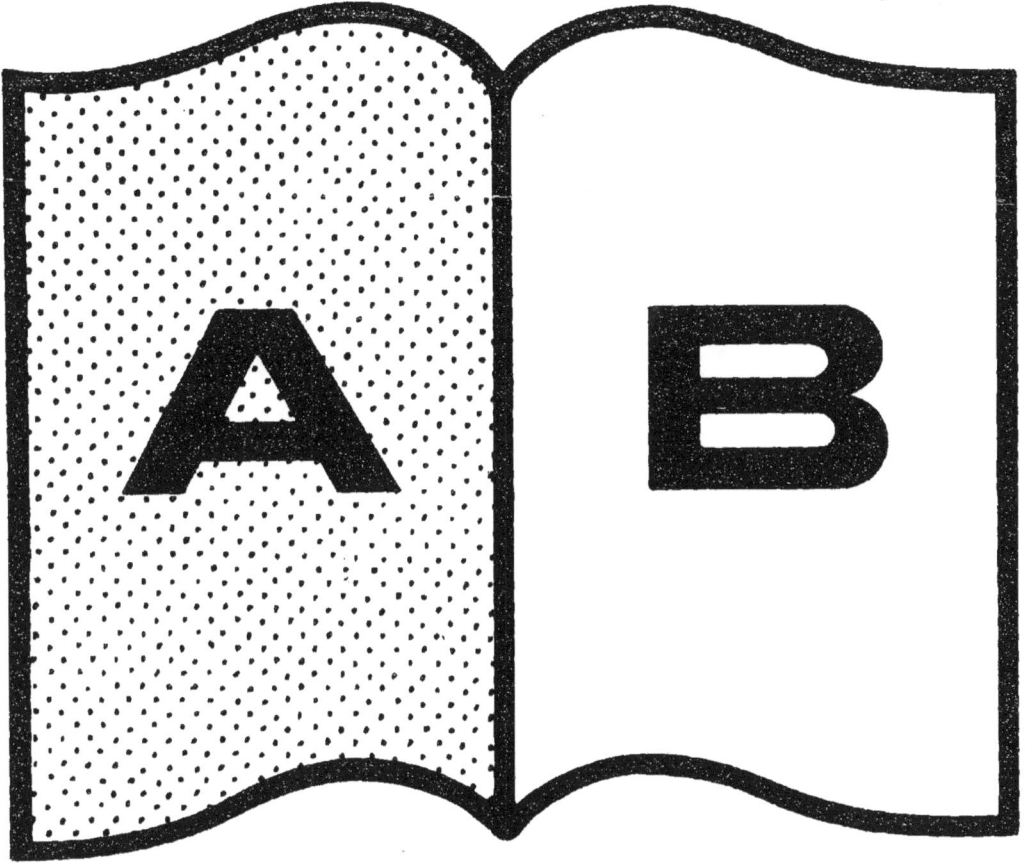

Contraste insuffisant

NF Z 43-120-14

REVUE TECHNIQUE

DE L'

EXPOSITION UNIVERSELLE

DE

CHICAGO EN 1893

PAR

M. GRILLE
INGÉNIEUR CIVIL DES MINES

M. H. FALCONNET ◎
INGÉNIEUR DES ARTS ET MANUFACTURES

Première Partie. — *ARCHITECTURE*

Collaborateur : **M. CH. LABRO,** A. ◎ O. ✳ ✠ Architecte

ORGANE

Des Congrès internationaux tenus à Chicago en 1893
sous la Présidence de :

MM. O. CHANUTE & **E.-L. CORTHELL**

PARIS

E. BERNARD et Cie, IMPRIMEURS-EDITEURS

53 ter, *Quai des Grands-Augustins,* 53 ter

1894

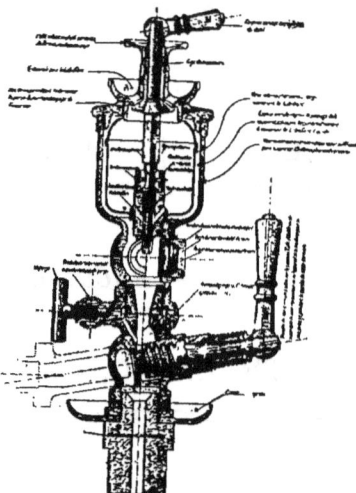

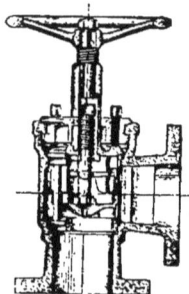

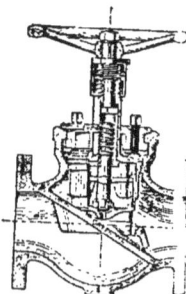

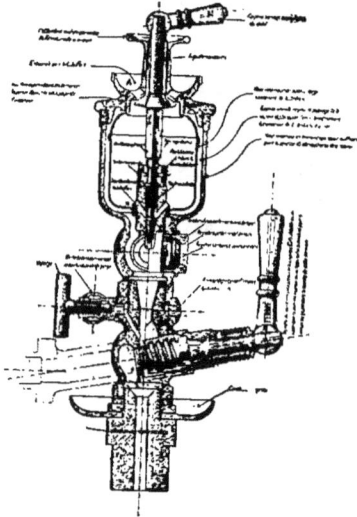

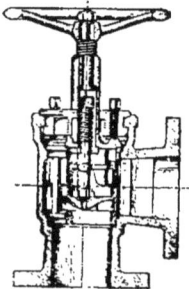

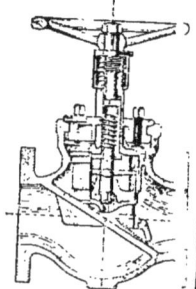

CHEMINS DE FER DE L'OUEST

Abonnements sur tout le réseau

La Compagnie des Chemins de fer de l'Ouest fait délivrer, sur tout son réseau, des cartes d'abonnement nominatives et personnelles, en 1re, 2e et 3e classes.

Ces cartes donnent droit à l'abonné de s'arrêter à toutes les stations comprises dans le parcours indiqué sur sa carte et de prendre tous les trains comportant des voitures de la classe pour laquelle l'abonnement a été souscrit.

Les prix sont calculés d'après la distance kilométrique parcourue.

La durée de ces abonnements est de trois mois, de six mois ou d'une année.

Ces abonnements partent du 1er et du 15 de chaque mois.

SERVICES QUOTIDIENS RAPIDES
ENTRE PARIS ET LONDRES
par Dieppe et Newhaven

Les importants travaux exécutés récemment dans les ports de DIEPPE et de NEWHAVEN, en donnant la facilité d'organiser, dans ces deux ports, des départs à heures fixes, *quelle que soit l'heure de la marée*, ont permis aux *Compagnies de l'Ouest et de Brighton* de réduire considérablement la durée du trajet entre PARIS et LONDRES et de créer des services rapides qui fonctionnent tous les jours, sauf le cas de force majeure, aux heures indiquées ci-dessous :

De Paris à Londres :

	Jour 1-2-3 cl.	Nuit 1-2-3 cl.
Départ de Paris-St-Lazare	9 h. matin.	8 h. 5) soir.
Départ de Dieppe	midi 45	1 h. du matin
Arrivée à Londres (Gare de London-Bridge.	7 h. soir	7 h. 40 matin
Gare Victoria	7 h. soir	7 h. 50 matin

De Londres à Paris

Départ de Londres (Gare Victoria	9 h. matin.	8 h. 50 soir.
Gare de London-Bridge.	9 h. matin.	9 h. du soir.
Départ de Newhaven	10 h. 35 soir.	11 h. du soir.
Arrivée à Paris-St-Lazare	6 h. 45 soir.	8 h. du matin.

PRIX DES BILLETS.

Billets simples, valables pendant 7 jours :
1re cl. **41 fr. 25**.—2e cl. **30 fr.**— 3e cl. **21 fr. 25**
plus **2** francs par billet, pour droits de port à Dieppe et à Newhaven.

Billets d'aller et retour, valables pendant un mois :
1re cl. **68 fr. 75**—2e cl. **48 fr. 75** – 3e cl. **37 fr. 50**
plus **4** francs par billet, pour droits de port à Dieppe et à Newhaven

Ces billets donnent le droit de s'arrêter à *Rouen, Dieppe, Newhaven et Brighton.*

Abonnements d'un mois

La Compagnie de l'Ouest, en présence du succès obtenu par ses abonnements circulaires de 3 mois 6 mois et un an, créés récemment sur les lignes Saint-Cloud, Versailles (rive droite et rive gauche) Saint-Germain et Marly, vient de prendre une nouvelle mesure qui favorisera certainement le séjour à la campagne des personnes appelées constamment à Paris par leurs occupations, en créant sur ces mêmes parcours des abonnements d'un mois, délivrés pendant toute la saison d'été, du 1er mai au 1er octobre.

Ces nouveaux abonnements sont d'autant plus avantageux qu'on peut les obtenir à une date quelconque ; il suffit de les demander cinq jours à l'avance.

EXCURSIONS
DE PARIS A VERSAILLES & A SAINT-GERMAIN
(par la Forêt de Marly)
tous les jeudis, du 2 juin au 29 septembre 1892 incl
(à l'exception du jeudi 14 juillet 1892)

La Compagnie des Chemins de fer de l'Ouest organisera tous les Jeudis, à partir du 2 juin et jusqu'au 29 septembre inclus (à l'exception du jeudi 14 juillet 1892), des Excursions au départ de Paris sur Versailles et Saint-Germain, aux prix et conditions ci-après indiquées :

Excursions à Versailles

Prix par place (1re classe . . . . . . **5** fr.
2e classe . . . . . . **4** fr.

Par suite d'une combinaison avec une Société de voyage, ces prix comprennent :

1° Le transport en *chemin de fer* de Paris-Saint-Lazare à Versailles (R. D.) et retour, par les trains ci-après désignés :

Aller : Départ de Paris-Saint-Lazare 11 h. 20 midi 20.

Retour : Départ de Versailles (R. D.) par tous les trains de la soirée à partir de 4 h. 10 soir.

2° Le trajet aller et retour, en *voitures spéciales* entre la gare de Versailles (R. D.) le Château et les Trianons.

3° La *visite* des Musées, Châteaux et Jardins sous la direction des guides de l'Agence des Voyages.

Excursions à Saint-Germain

Prix par place (1re classe. . . . . . **5** fr.
2e classe. . . . . . **4** fr. 50

Par suite d'une combinaison avec une Société de voyages, ces prix comprennent :

1° Le transport en *chemin de fer* de Paris-Saint-Lazare à Pont-de-Saint-Cloud et de Saint-Germain à Paris-Saint-Lazare, par les trains ci-après désignés :

Aller : Départ de Paris-Saint-Lazare à midi 50.

Retour : Départ de Saint-Germain par tous les trains de la soirée, à partir de 4 h. 18 soir.

2° Le trajet en *voitures spéciales* de Saint-Cloud à Saint-Germain par Vaucresson, Rocquencourt et la forêt de Marly.

3° La *visite* du Château de Saint-Cloud et du Musée de Saint-Germain, sous la direction des guides de l'Agence des Voyages.

REVUE TECHNIQUE

DE

L'EXPOSITION UNIVERSELLE

DE CHICAGO

CHEMINS DE FER DE L'OUEST

Abonnements sur tout le réseau

La Compagnie des Chemins de fer de l'Ouest fait délivrer, sur tout son réseau, des cartes d'abonnement nominatives et personnelles, en 1re, 2e et 3e classes.

Ces cartes donnent droit à l'abonné de s'arrêter à toutes les stations comprises dans le parcours indiqué sur sa carte et de prendre tous les trains comportant des voitures de la classe pour laquelle l'abonnement a été souscrit.

Les prix sont calculés d'après la distance kilométrique parcourue.

La durée de ces abonnements est de trois mois, de six mois ou d'une année.

Ces abonnements partent du 1er et du 15 de chaque mois.

SERVICES QUOTIDIENS RAPIDES
ENTRE PARIS ET LONDRES
par Dieppe et Newhaven

Les importants travaux exécutés récemment dans les ports de DIEPPE et de NEWHAVEN, en donnant la facilité d'organiser, dans ces deux ports, des départs à heures fixes, *quelle que soit l'heure de la marée*, ont permis aux *Compagnies de l'Ouest et de Brighton* de réduire considérablement la durée du trajet entre PARIS et LONDRES et de créer des services rapides qui fonctionnent tous les jours, sauf le cas de force majeure, aux heures indiquées ci-dessous :

De Paris à Londres :

	Jour 1-2-3 cl.	Nuit 1-2-3 cl.
Départ de Paris-St-Lazare	9 h. matin.	8 h. 5 soir.
Départ de Dieppe	midi 45	1 h. du matin
Arrivée à Londres { Gare de London-Bridge.	7 h. soir.	7 h. 40 matin
{ Gare Victoria	7 h. soir.	7 h. 50 matin

De Londres à Paris

	Jour 1-2-3 cl.	Nuit 1-2-3 cl.
Départ de Londres { Gare Victoria	9 h. matin.	8 h. 50 soir.
{ Gare de London-Bridge.	9 h. matin.	9 h. du soir.
Départ de Newhaven	10 h. 35 soir.	11 h. du soir.
Arrivée à Paris-St-Lazare	6 h. 45 soir.	8 h. du matin.

PRIX DES BILLETS.

Billets simples, valables pendant 7 jours :
1re cl. **41** fr. **25.** — 2e cl. **30** fr. — 3e cl. **21** fr. **25**

plus 2 francs par billet, pour droits de port à Dieppe et à Newhaven.

Billets d'aller et retour, valables pendant un mois
1re cl. **68** fr. **75** — 2e cl. **48** fr. **75** — 3e cl. **37** fr. **50**

plus 4 francs par billet, pour droits de port à Dieppe et à Newhaven.

Ces billets donnent le droit de s'arrêter à *Rouen, Dieppe, Newhaven et Brighton.*

Abonnements d'un mois

La Compagnie de l'Ouest, en présence du obtenu par ses abonnements circulaires de 6 mois et d'un an, créés récemment sur les li Saint-Cloud, Versailles (rive droite et rive g Saint-Germain et Marly, vient de prendre u velle mesure qui favorisera certainement le à la campagne des personnes appelées consta à Paris par leurs occupations, en créant s mêmes parcours des abonnements d'un moi vrés pendant toute la saison d'été, du 1er 1er octobre.

Ces nouveaux abonnements sont d'autai avantageux qu'on peut les obtenir à une dat conque ; il suffit de les demander cinq j l'avance.

EXCURSIONS
DE PARIS À VERSAILLES & A SAINT-GE
(par la Forêt de Marly)
tous les jeudis, du 2 juin au 29 septembre 189?
(à l'exception du jeudi 14 juillet 189?

La Compagnie des Chemins de fer de l'Ou ganisera tous les Jeudis, à partir du 2 juin qu'au 29 septembre inclus (à l'exception du 14 juillet 1892), des Excursions au départ de sur Versailles et Saint-Germain, aux prix et tions ci-après indiquées :

Excursions à Versailles

Prix par place { 1re classe . . . . . .
{ 2e classe . . . . . .

Par suite d'une combinaison avec une Soci voyage, ces prix comprennent :

1° Le transport en *chemin de fer* de Paris-Lazare à Versailles (R. D.) et retour, par les ci-après désignés :

Aller : Départ de Paris-Saint-Lazare 11 h midi 20.

Retour : Départ de Versailles (R. D.) par to trains de la soirée à partir de 4 h. 10 soir.

2° Le trajet aller et retour, en *voitures spé* entre la gare de Versailles (R. D.) le Château Trianons.

3° La *visite* des Musées, Châteaux et Ja sous la direction des guides de l'Agence des Voy

Excursions à Saint-Germain

Prix par place { 1re classe . . . . . 5 f
{ 2e classe . . . . . 4 f

Par suite d'une combinaison avec une Soci voyages, ces prix comprennent :

1° Le transport en *chemin de fer* de Paris-Lazare à Pont-de-Saint-Cloud et de Saint-Ge à Paris-Saint-Lazare, par les trains ci-après dés

Aller : Départ de Paris-Saint-Lazare à mi

Retour : Départ de Saint-Germain par to trains de la soirée, à partir de 4 h. 18 soir.

2° Le trajet en *voitures spéciales* de Saint-à Saint-Germain par Vaucresson, Rocquenco la forêt de Marly.

3° La *visite* du Château de Saint-Cloud Musée de Saint-Germain, sous la direction des g de l'Agence des Voyages.

REVUE TECHNIQUE

DE

L'EXPOSITION UNIVERSELLE

DE CHICAGO

. PARIS. — IMPRIMERIE E. BERNARD ET C\ie

23, RUE DES GRANDS-AUGUSTINS, 23

REVUE TECHNIQUE

DE L'

EXPOSITION UNIVERSELLE

DE

CHICAGO EN 1893

PAR

M. GRILLE

INGÉNIEUR CIVIL DES MINES

M. H. FALCONNET

INGÉNIEUR DES ARTS ET MANUFACTURES

Première Partie. — *ARCHITECTURE*

Collaborateur : **M. CH. LABRO,** A. ⊙. O. ✳. ✠ Architecte

ORGANE

Des Congrès internationaux tenus à Chicago en 1893

sous la Présidence de :

MM. O. CHANUTE & E.-L. CORTHELL

PARIS

E. BERNARD et Cie, IMPRIMEURS-EDITEURS

53 ter, Quai des Grands-Augustins, 53 ter

—

1894

AVANT-PROPOS

C'est un fait avéré qu'en dehors de toute considération d'ordre financier, l'Exposition Colombienne est un grand succès scientifique et industriel.

« L'Exposition de Chicago, a dit M. Camille Krantz, peut
« être considérée comme un très grand succès, en ce sens que
« les exposants y sont venus de tous les points du monde
« et qu'ils y ont apporté une participation très brillante. Énu-
« mérer les qualités les plus marquantes de l'Exposition de
« Chicago est chose difficile ; néanmoins il faut citer entre
« autres choses l'exposition des moyens de transport, la sec-
« tion des mines, les palais de l'électricité, des machines, de
« l'ethnographie et des pêcheries. Il y a dans toutes ces expo-
« sitions spéciales un effort et un déploiement d'intelligence
« très intenses. L'impression que l'on ressent est un sentiment
« d'admiration très grande pour cette recherche dans les spé-
« cialités et l'on a la conviction qu'il y a là des sujets d'études
« utiles pour chacune des branches en question du commerce
« et de l'industrie. »

M. Camille Krantz, en sa qualité de Commissaire général du Gouvernement français à l'Exposition colombienne, a été particulièrement à même d'y approfondir toutes les questions relatives aux Sciences, aux Arts et à l'Industrie ; l'opinion d'un homme dont l'autorité en pareille matière est incontestable, les appréciations unanimement favorables de toutes les personnes qui ont étudié et jugé l'Exposition de Chicago au point de vue

1

technique affirment tout l'intérêt qu'offrait cette Exposition pour les Ingénieurs, les Architectes et les Industriels.

A ce point de vue, l'Exposition de Chicago est une mine des plus riches à exploiter; les renseignements de toutes sortes y abondent. Nous nous sommes proposé de recueillir ceux qui ont trait à des principes nouveaux, à l'application nouvelle de principes connus, aux modes de construction, de fabrication et d'exploitation les plus récents et les plus ingénieux, aux procédés permettant de réaliser une plus grande économie et une plus grande perfection dans le travail.

A cet effet, nous avons tenu à recueillir, soit directement, soit par l'intermédiaire de collaborateurs joignant à une compétence reconnue une autorité indiscutable, non seulement les renseignements qu'il était possible de trouver à l'Exposition, mais encore ceux qu'il était nécessaire de puiser aux usines mêmes pour compléter les premiers.

En outre, parmi les travaux présentés aux Congrès de l'Exposition colombienne, plusieurs méritaient d'être signalés; nous avons cru devoir soumettre à l'appréciation des lecteurs de notre ouvrage ceux de ces rapports qui présentent le plus haut intérêt par leur grande portée scientifique et industrielle.

Notre unique souhait est que la tâche que nous avons entreprise soit utile aux Ingénieurs, aux Architectes, aux Industriels auxquels notre ouvrage est destiné.

Dans quelle mesure y sommes-nous parvenus? Les sympathies et les encouragements nombreux que nous avons reçus peuvent nous laisser espérer que l'œuvre ainsi entreprise et conduite ne sera pas stérile. Nous disons ailleurs quels ont été les collaborateurs qui ont bien voulu se charger de tel ou tel chapitre que leur compétence spéciale les mettait particulièrement à même de traiter en connaissance de cause. Nous prions

tous ceux qui ont bien voulu nous apporter leur concours,
dans bien des cas si nécessaire, toujours si précieux, de recevoir ici le légitime hommage de notre très sincère reconnaissance.

CONSIDÉRATIONS GÉNÉRALES

SUR

L'EXPOSITION COLOMBIENNE

Avant d'aborder l'étude des questions purement techniques,
nous avons cru devoir traiter très rapidement quelques sujets
présentant un intérêt plus général et destinés à permettre au
lecteur de comparer l'Exposition de Chicago aux Expositions
précédentes, de connaître succinctement ses débuts, d'avoir
un aperçu de son ensemble et de ses multiples divisions.

L'Exposition de Chicago comparée aux Expositions précédentes.

A quel pays revient l'honneur de la première manifestation
publique de la vie artistique, industrielle et commerciale ?
Quelle fut la première tentative d'Exposition ?

Elle eut lieu au déclin du siècle dernier en 1798, alors que la
jeune République française prenait son essor et cherchait à

affirmer sa légitimité en ranimant toutes les branches du commerce et de l'industrie.

Ce fut François de Neufchâteau, alors Ministre de l'Intérieur, qui, pour donner un éclat nouveau aux fêtes du Directoire, groupa toutes les industries nationales dans un lieu qui fut décoré d'une appellation empruntée à la Rome païenne : le « Temple de l'Industrie ». Il y eut 110 exposants qui, pendant 13 jours, attirèrent de nombreux visiteurs.

Plusieurs fois depuis, cette expérience fut répétée, toujours avec le même succès. Mais ces tentatives qui avaient lieu dans chaque pays isolément n'avaient qu'une portée forcément restreinte.

On comprit dès lors l'intérêt qu'il pourrait y avoir pour chaque Nation à comparer ses produits et ses modes de travail avec ceux des Puissances étrangères.

La première Exposition universelle naquit de cet idée. Elle eut lieu à Londres en 1851. Toutes celles qui se sont succédé depuis ont eu un cachet spécial, mais toutes aussi, elles ont eu ce caractère commun de chercher à faire mieux et plus grandement que celles qui les avaient précédées.

A ce point de vue, l'Exposition de Chicago a suivi la règle générale. Ce qui la caractérise, c'est l'immensité de son terrain, de ses constructions ; la variété et la multitude des produits qu'elle offre aux yeux ; le déploiement inusité de tous les moyens de production, de transformation et d'utilisation actuellement connus ; enfin quelques innovations dues au génie américain, telles que le Bâtiment des Services administratifs, le Bâtiment et l'Exposition des femmes..., etc. Pour mieux faire ressortir ces caractères particuliers de l'Exposition américaine, nous rappellerons en quelques mots les points essentiels des Expositions antérieures.

Ce fut en 1851 que la Reine d'Angleterre et le Prince consort inaugurèrent la première Exposition universelle qui eut lieu à Londres et dont le principal attrait fut le fameux Palais de Cristal, imaginé et construit par M. J. Paxton. C'est le point de départ de tous les grands halls d'Exposition qui a conduit à la Galerie des Machines française de 1889, et au Palais des Manufactures de Chicago.

A Londres, chaque pays fut représenté à part et administré spécialement tout en concourant à l'effet de l'ensemble.

Pendant les cinq mois que dura cette Exposition, elle ouvrit ses portes à 6 millions de visiteurs et le chiffre des encaisses dépassa 2 millions. Le génie pratique de l'Angleterre y fut admiré par tous, ainsi que la magnificence avec laquelle elle distribua les récompenses aux exposants.

Deux ans après, eut lieu à New-York, la première Exposition universelle américaine. Son caractère fut d'être exclusivement commerciale et industrielle.

La première grande Exposition française s'ouvrit à Paris, le 15 mai 1855, dans le Palais de l'Industrie construit à cette occasion. Elle comprenait, en outre, le Pavillon du Panorama et une série de galeries situées quai de Billy et avenue d'Antin pour l'Industrie, avenue Montaigne pour les Beaux-Arts, sans compter encore une foule d'autres bâtiments. Ce ne fut pas seulement une Exposition industrielle, comme à Londres ; elle donna encore asile aux Beaux-Arts qui y furent largement représentés et admirés pendant six mois par plus de 6 millions de visiteurs.

Le Palais de l'Industrie qui, depuis 1855, a servi de local à une série d'Expositions locales artistiques et industrielles, fut dès 1867, reconnu insuffisant pour une nouvelle Exposition universelle. La deuxième Exposition universelle de Paris fut donc inaugurée au Champ de Mars le 1ᵉʳ avril 1867.

Autour d'un jardin central se trouvaient sept galeries concentriques formant une ellipse immense qui était coupée transversalement par seize rues. Tout se trouvait ainsi parfaitement divisé par pays et par spécialité et du plus facile accès.

Les différentes industries et les beaux-arts y étaient encore plus largement représentés qu'en 1855. On admira entre autres la Galerie de l'Histoire du Travail qui montrait la transformation des matières premières suivant les différentes époques.

Une des préoccupations des organisateurs de l'Exposition de 1867 fut de grouper et de mettre en lumière les méthodes d'enseignement et d'éducation, ainsi que les études sociales.

30 millions de visiteurs accoururent de toutes parts parmi lesquels trois empereurs étrangers, quatorze rois ou reines et un grand nombre de princes et princesses des premières familles régnantes d'Europe.

Cinq ans auparavant, la capitale de l'Angleterre avait inauguré, elle aussi, une seconde Exposition générale; et six ans après, en 1873, la capitale de l'Autriche suivit l'exemple. Le caractère principal de cette dernière Exposition fut le développement donné à la partie mécanique et industrielle. Les dimensions et l'organisation intérieure du Palais des machines étaient sans précédent.

En 1876, l'Amérique, voulant célébrer le centenaire de la Proclamation de son indépendance, ouvrit à Philadelphie une Exposition universelle dans laquelle tous les départements du Gouvernement furent représentés.

On y retrouve en germe les idées qui ont présidé à l'Exposition actuelle de Chicago : bâtiment central, palais des machines, palais des beaux-arts, halls d'horticulture et d'agriculture, etc.

Le nombre des entrées, pendant les six mois que dura cette exposition, dépassa 10 millions et le chiffre des recettes atteignit presque 4 millions de dollars.

La troisième Exposition universelle de Paris, décrétée le 4 avril 1876, s'ouvrit le 1er mai 1878.

La rive gauche de la Seine au Champ de Mars fut à cette occasion occupée par une série de galeries couvertes et la rive droite se transforma en jardins, terrasses, fontaines et cascades encadrés par le Palais du Trocadéro. L'Architecture spéciale à une exposition s'affirmait davantage. Les galeries du Champ de Mars étaient en fer avec remplissage en briques et en verre et coupoles aux angles.

La façade avec les statues des diverses nations fut très admirée. Quant au Palais du Trocadéro, qui est resté debout, il fait honneur aux deux architectes qui l'exécutèrent, MM. Daviaud et Bourdais, par la simplicité de ses dispositions et la rapidité de son exécution.

Plus de 40 millions de visiteurs parcoururent les galeries, les palais et les jardins, et furent émerveillés de l'effort accompli pour donner asile aux 5.300 exposants.

La dernière Exposition de Paris eut lieu en 1889. Aussitôt qu'elle fut résolue, le 8 novembre 1884, un concours s'ouvrit auquel prirent part les premiers architectes et ingénieurs français : Ch. Garnier, Contamin, Bouvard, Dutert, Formigé et Eiffel. — M. Alphand prit la direction générale des travaux et M. Georges Berger celle de l'exploitation.

La France était certainement, dans l'ancien monde, la nation la plus capable de réunir tant d'œuvres diverses dans des monuments d'un caractère si différent et toujours si attrayant. Il suffit de rappeler la Galerie des Machines, les Dômes des Beaux-Arts et des Arts libéraux, le Dôme central, les nombreuses galeries en fer d'une construction si légère, les constructions originales formant l'Histoire de l'habitation humaine et la Tour de 300 mètres; sans parler des attractions multiples au Champ de Mars, à l'Esplanade des Invalides et au Trocadéro.

Pendant les six mois que dura cette Exposition, du 8 mai au 10 novembre 1889, elle ouvrit ses portes à 28 millions de visiteurs, et le chiffre des recettes dépassa 28 millions de francs.

Quelle place maintenant l'Exposition de Chicago tiendrat-elle dans les annales de l'Histoire? Il est difficile dès à présent de le dire, mais une impression générale se dégage de cette accumulation considérable de bâtiments grandioses, de machines puissantes et de produits de toutes sortes réunis et concentrés en quelques mois au bord du lac Michigan, dans un endroit qui, il y a peu de temps encore, était presque un désert.

Nous empruntons à l'excellent rapport fait par M. de Chasseloup-Laubat à la Société des Ingénieurs civils, l'aperçu général suivant qui rend bien compte de cette impression générale :

« Ce qui frappe le plus, lorsqu'on arrive à Jackson-Park, c'est l'absence complète de plan d'ensemble ; les divers bâtiments n'ont entre eux aucune corrélation visible, et ne paraissent même pas faire partie d'un même tout. Involontairement la pensée revient sur les bords de la Seine et à la régularité du plan exécuté en 1889, au Trocadéro et au Champ de Mars ; l'on ne peut s'empêcher de comparer les deux Expositions et de trouver qu'elles symbolisent le génie si différent des deux races.

Comme la France elle-même, l'Exposition française était

compacte, symétrique et bâtie suivant la rigide et majestueuse ordonnance d'un plan général conçu d'avance. Près du tiers de la surface totale était couverte, et, au milieu de la vieille cité qui de toutes parts les enveloppait de ses maisons, les vastes nefs métalliques étaient serrées les unes contre les autres, comme le sont sur notre sol trop étroit les hommes et les moissons. L'Exposition de 1889 où les vues d'ensemble avaient été si habilement disposées, saisissait par la majesté et la symétrie de l'ensemble encore plus que par le fini et la perfection des détails ; c'était l'œuvre d'une race antique et d'un sol antique qui se sont faits l'un l'autre, par le travail continu des générations passées ; c'était la création d'une nation ayant cette sûreté et cet absolu des conceptions artistiques que peuvent seules donner les longues traditions d'une civilisation lentement formée par les siècles écoulés ; c'était enfin le type d'un idéal discutable, mais d'un idéal procédant de certains principes préconçus et invariables, tout comme la société française repose sur l'idéal législatif absolu qu'elle a, pour son bien ou pour son mal, reçu des lois de Rome et de la Révolution. L'Exposition de 1889 caractérisait bien la France d'aujourd'hui : l'exiguïté du territoire relativement à la population et, par conséquent, la complète utilisation du sol ; l'uniformité de la législation et de la réglementation ; l'omnipotence de l'État en face de l'individu isolé à la suite des nombreuses secousses politiques qui ont violemment arraché de la vieille société française les organismes sociaux qui attachaient l'homme à l'homme, au champ et à l'atelier ; enfin, la sûreté et l'assurance de l'idée esthétique, fruits des anciennes civilisations européennes et du goût raffiné qu'ont mis dans la race une longue éducation artistique et les traditions classiques venues en Gaule, par le bassin du Rhône, des rivages de la Méditerranée.

Comme les États-Unis eux-mêmes, l'Exposition américaine est gigantesque et n'est point bâtie suivant un plan d'ensemble rigide et uniforme ; au contraire, le plan d'ensemble laisse une part si considérable à la volonté de chacun qu'il est à peine visible et qu'on serait souvent tenté d'en nier l'existence. Telle est, de nos jours, la grande République américaine : lorsqu'on parcourt les diverses parties de l'Union, on oublie par instants les liens flexibles mais forts qui les unissent, c'est-à-dire les lois fédérales, tant ces lois fédérales semblent insignifiantes lorsqu'on voit d'autre part les profondes dissemblances matérielles et morales qui distinguent entre eux les différents États de la République. C'est que ces différents États sont si entièrement indépendants, si complètement libres de se gouverner et de s'administrer à leur guise ; c'est qu'ils ont souvent des législations civiles et politiques tellement différentes les unes des autres; c'est qu'ils offrent parfois de telles dissimilitudes comme climats, productions, mœurs, religions et populations distinctes et, sauf la question de langage, n'ayant parfois entre elles guère plus de ressemblances que bien des nations européennes. A certains points de vue, les États-Unis actuels constituent une réunion de peuples plutôt qu'un peuple unique, tout comme les bâtiments de Jackson-Park constituent une réunion d'Expositions plutôt qu'une Exposition unique.

L'Exposition de Chicago n'est pas compacte, mais très étalée ; moins du quart de la surface totale est couverte. Ce n'est pas au milieu d'une ville que se dressent les vastes toitures métalliques des palais américains, mais dans une prairie immense que traverse au Sud-Ouest le gigantesque Mississipi et que borde au Nord le colossal système lacustre du Saint-Laurent dont la superficie atteint à peu près la moitié de celle de la France entière : le sol américain n'est pas encore encombré d'hommes, et l'on y trouve, même de nos jours, de vastes espaces entièrement déserts.

La décoration des bâtiments de l'Exposition de 1893 est généralement assez malheureuse, et l'on peut dire qu'elle manque le plus souvent de cette qualité principale : le style. Les architectes américains ont, en effet, copié les styles les plus connus de l'antiquité et paraissent avoir oublié la corrélation et l'harmonie intimes qui doivent forcément exister entre les genres de décoration et les matériaux employés ; ils paraissent ne pas s'être rendu compte qu'on ne peut point faire une œuvre d'art en copiant avec du fer et de la brique les purs contours des temples grecs bâtis avec des blocs de marbre blanc, les puissants arcs romains construits en béton, les dentelles que les Arabes ont fouillées dans le plâtre et que les maîtres du moyen âge ont ciselées dans le granit. En 1889, les Français ne cherchèrent pas plus à copier les Grecs, les Romains et les Arabes que ceux de leurs ancêtres auxquels ils doivent leurs cathédrales, mais ils créèrent un style, c'est-à-dire un mode de décoration en harmonie avec les matériaux employés. On a pu dire tout ce qu'on a voulu sur ce style, on a pu le critiquer ou l'admirer, penser qu'il était très laid ou très beau, y voir un essai manqué ou une voie nouvelle, mais on a été forcé de reconnaître qu'il existait par lui-même, ce qui est la première des conditions nécessaires pour une œuvre d'art quelconque. En 1893, les Américains se bornent à copier les décorations des admirables monuments qui sont la gloire des siècles passés, et ne peuvent que les copier mal, puisqu'ils n'emploient pas les mêmes matériaux de construction dont se servirent ceux qui créèrent les modèles.

Il est d'autant plus fâcheux d'avoir à constater cette méfiance des Américains vis-à-vis d'eux-mêmes qu'ils ont fait réellement des œuvres belles et originales dans ces charpentes métalliques où réside certainement la vraie beauté des bâtiments de l'Exposition de Jackson-Park, beauté faite de hardiesse, d'audace, de légèreté, de pureté de lignes et d'une profonde harmonie générale résultant d'une parfaite utilisation des matériaux.

D'ailleurs, ce que nous constatons à Chicago ne doit point nous étonner; l'Amérique est encore trop jeune et le courant d'immigration européenne sur le sol des États-Unis est trop intense pour que les Américains aient pu concevoir et exécuter un art national en harmonie avec leur climat, leurs mœurs et leurs matériaux. Les divers éléments européens ne se sont point encore entièrement fondus ensemble, principalement dans l'Ouest, pour constituer des types humains surtout caractérisés par leurs positions sociales et les climats où ils vivent; les différentes nations artistiques reçues d'Europe ne sont point encore groupées et cristallisées en une seule ou même plusieurs conceptions d'idéal dans les arts. A Chicago, on reconnaît sans peine, sous la trompeuse uniformité de l'active cité américaine, non seulement les différentes races, mais encore les différents modes de pensée : le temps n'a pas encore suffisamment effectué sa grande œuvre de fusion entre les hommes et les idées.

L'Exposition de Chicago caractérise donc bien les États-Unis d'aujourd'hui : l'immensité du territoire relativement à la population et, par suite, l'incomplète utilisation du sol ; les dissemblances dans les législations et les réglementations aussi bien que dans les climats et les productions des divers États ; la faiblesse de l'État fédéral en face de ces puissantes associations d'ouvriers, de capitalistes et de croyants qui ont créé la

prospérité inouïe de l'Amérique moderne en tendant à faire
produire à la machine humaine, sans cesse stimulée par l'énergie et la volonté individuelles tendues à l'extrême, un rende-
ment inconnu partout ailleurs ; enfin, un goût esthétique flottant et indécis, parce que le corps social américain, encore en
pleine fièvre de croissance et de développement, n'a pas eu le
temps et le loisir de fondre ensemble, en se les assimilant, les
chaos d'éléments ethniques et de notions artistiques jetés pêle-
mêle par les navires européens dans ce Nouveau-Monde si
différent des vieux continents.

C'est cette comparaison rétrospective entre l'œuvre de 1889
et celle de 1893 qui constituera peut-être un des plus vifs inté-
rêts de l'Exposition de Chicago.

Quelques esprits chagrins ont conclu des réflexions qui précèdent que l'Exposition de Chicago était une œuvre manquée
et qu'il n'y avait rien à y trouver.

Une étude plus approfondie de la question les eût amenés à
une conclusion toute différente. De ce qu'un peuple jeune et
actif a conçu et exécuté à la hâte un plan, sujet à critiques aux
yeux des professionnels exercés, il ne s'ensuit pas que son
œuvre soit dépourvue d'intérêt. L'Exposition de Chicago
offre précisément ce caractère particulier que, peu séduisante
au début, elle attire de plus en plus celui qui cherche à l'examiner de plus près. L'observateur superficiel n'y trouve qu'un
intérêt médiocre ; le chercheur compétent, au contraire, se
passionne au fur et à mesure qu'il l'étudie d'une manière plus
approfondie.

Origines de l'Exposition de Chicago.

Dès 1889, les États-Unis avaient songé à célébrer par une Exposition universelle le quatrième centenaire de la découverte de l'Amérique par Christophe Colomb.

La lutte s'engagea immédiatement entre les principales villes de la Confédération pour savoir laquelle aurait l'honneur d'édifier et d'abriter cette belle Exposition. New-York, Chicago, Saint-Louis, Washington étaient les concurrents les plus dignes d'intérêt.

Les deux dernières cependant n'avaient que des chances assez faibles : New-York et Chicago restaient donc en présence. L'une, avec son port admirable, accessible aux navires du plus fort tonnage, centre de tout le commerce et l'industrie de l'Amérique du Nord ; l'autre, ville neuve, œuvre de ceux qui l'habitent aujourd'hui et qui s'intéressent à son agrandissement, située aux bords d'un grand lac et moins sujette que sa rivale aux intempéries du climat.

Des projets furent étudiés, des devis établis et discutés ; bref, ce fut Chicago qui l'emporta par 157 voix contre 107 accordées à New-York, 25 à Saint-Louis et 18 à Washington.

La décision ainsi votée par le Congrès fut signée par le président Harrison, le 25 avril 1890, et la nouvelle Exposition reçut, en l'honneur de Christophe Colomb, le nom de « Worlds Columbian Exposition ».

A dater de ce jour, tout fut mis en œuvre pour assurer le succès de l'Exposition qui devait s'ouvrir ; et les villes qui jusqu'alors avaient rivalisé pour obtenir l'honneur de l'abriter, unirent leurs efforts pour en augmenter la grandeur.

Des invitations furent faites à tous les pays étrangers et aux États de l'Union. Quarante-huit nations ont répondu à cet appel parmi lesquelles figurent l'Allemagne, l'Autriche, la Belgique, la Chine, l'Espagne, la France, la Grande-Bretagne, la Hollande, l'Italie, le Japon, la Russie, la Turquie, etc.; trente-sept États ou Territoires de l'Amérique se trouvent de même représentés.

Coup d'œil général sur l'Exposition de Chicago.

L'Exposition de Chicago est située dans la partie Sud-Est de la ville aux bords du lac Michigan.

Elle couvre les terrains de « Jackson-Park » et de la grande avenue « Midway-Plaisance » qui relie Jackson-Park à « Washington-Park ».

L'emplacement occupé est à peu près aussi vaste que celui des trois expositions réunies de Vienne en 1873, de Philadelphie en 1876 et de Paris en 1889. Sa longueur en bordure du lac est de plus de 2 kilomètres.

L'ensemble de l'Exposition a été surnommé en Amérique la « Cité blanche » (White City). Le contraste est frappant, en effet, entre ces constructions neuves au ton clair et les maisons ordinaires de Chicago en granit, briques, ou en bois peint.

La Cité blanche se divise en trois sections : la première, au Sud de l'enceinte qui comprend les grands palais; la seconde, au Nord, qui est celle des pavillons d'État et dans laquelle se groupent les constructions de tous les États étrangers ou fédérés ; la troisième, que l'on peut dénommer la section des Bazars et qui occupe les deux côtés de la grande avenue de « Midway-Plaisance ».

Première section. — DES PALAIS.

La section des Palais comprend au centre de la Cour d'honneur le Palais de l'Administration, entouré à l'Ouest par la gare d'arrivée, au Nord par le Palais des Mines et de l'Électricité, au Sud par celui des Machines et son annexe, et à l'Est par la fontaine monumentale qui commande le grand bassin principal.

Ce bassin, orienté normalement aux bords du lac Michigan, en est séparé par une bande de terre dont les angles sont occupés par le Casino et la salle des Concerts. En arrière de la colonnade qui réunit ces deux bâtiments s'élève la statue de la République dont le socle se dresse dans les eaux du bassin.

Parallèlement au Palais des Machines, auquel il est réuni par une colonnade, se dresse le Palais de l'Agriculture dont la façade nord donne sur le bassin, et qui se prolonge au sud par une annexe servant de salle de Conférences.

Derrière cette salle est la laiterie, et plus près des bords du lac l'Exposition des forêts, le Pavillon des cuirs et la reproduction de l'ancien monastère de la Rabida où sont réunis tous les documents relalifs à Christophe Colomb et à l'Amérique.

Au Sud, et derrière la colonnade qui relie le Palais des Machines à celui de l'Agriculture sont situées l'Exposition des bestiaux et l'Exposition de l'Artillerie Krupp. Le plus grand des palais de l'Exposition est celui des Arts et Manufactures dont la façade Est donne sur le lac Michigan et la façade Sud sur le bassin principal.

La façade Ouest commande les eaux d'un petit canal reliant

le bassin principal à des lagunes au centre desquelles se dresse la petite île de « Wooden Island ».

Ce canal qui sépare le Palais des Arts et Manufactures de celui de l'Électricité se prolonge de l'autre côté du bassin principal par un petit bras qui sépare le Palais des Machines de celui de l'Agriculture et s'arrête à la colonnade de jonction de ces deux bâtiments.

Les lagunes sont bordées:

Au Nord, par la section de l'État d'Illinois ;

A l'Ouest, par le Palais des Femmes, et celui de l'Horticulture ;

Au Sud, par les trois Palais des Transports, des Mines et de l'Électricité alignés parallèlement l'un à l'autre ;

A l'Est, par le Palais des Arts et Manufactures, celui du Gouvernement des États-Unis et celui des Pêcheries.

Au Nord de la section réservée à l'État d'Illinois se dresse le Palais des Beaux-Arts avec ses deux annexes dont l'une est entièrement consacrée à l'Exposition des Maîtres français.

A l'Est du Palais du Gouvernement et en plein lac se trouve l'exposition de la Marine de Guerre représentée par la reproduction en maçonnerie d'un navire cuirassé de premier rang de la flotte des États-Unis, « l'Illinois ».

DEUXIÈME SECTION. — DES PAVILLONS D'ÉTATS.

La section des Pavillons d'États occupe la partie Nord de l'enceinte de l'Exposition. Elle entoure le Palais des Beaux-Arts et se termine au Sud à la section de l'État d'Illinois et au Palais des Pêcheries.

Le Pavillon français s'élève au bord du lac Michigan, dans le voisinage immédiat de l'annexe française du Palais des

2

Beaux-Arts. Attenant à ce Pavillon s'élève une isba russe, puis au Sud, l'exposition de Ceylan.

Sur les bords du lac, et au Nord-Est du Palais des Pêcheries se dressent les bâtiments de l'Allemagne, du Mexique et de l'Angleterre.

Au Nord et à l'Ouest du Palais des Beaux-Arts sont élevés les Pavillons des divers États de la Fédération parmi lesquels il convient de noter ceux de Massachusetts, de New-York et de la Floride.

A l'extrémité Sud-Ouest de cette section de l'Exposition est le Pavillon de la Californie.

Troisième section. — DES BAZARS.

Rien de particulier à noter dans cette section qui occupe l'avenue de Midway-Plaisance, et qui comprend les petits baraquements, cafés, restaurants, villages exotiques, mosquées, panoramas, etc.

La partie centrale de cette avenue est occupée par l'emplacement de l'immense roue Ferris qui élève 1.440 personnes en un seul tour à plus de 76 mètres de hauteur.

Classification des produits exposés à l'Exposition de Chicago.

Dans l'indication qui va suivre de tous les produits exposés à Chicago et dignes d'attirer l'attention des Ingénieurs, des Architectes, des Industriels, etc., etc., nous avons suivi l'ordre et le mode de groupement adoptés par la Commission de l'Exposition. Cette classification concorde en général avec celle des bâtiments renfermant les objets exposés, mais il est nécessaire de la compléter par la mention d'annexes qui n'y rentrent pas d'une manière directe.

Le groupement officiel est le suivant:

1. — Agriculture; Alimentation; Produits forestiers; Machinerie agricole.

Cette section comprend 19 groupes et 118 classes.

2.—Horticulture; Viticulture; Pomologie; Floriculture, etc.

Cette section comprend 7 groupes et 74 classes.

3. — Animaux sauvages et domestiques servant à la nourriture de l'homme et aux besoins de son existence.

Cette section comprend 10 groupes et 46 classes.

4. — Pisciculture; Pêcheries; Variétés de poissons.

Cette section comprend 5 groupes et 51 classes.

5. — Minéralogie; Exploitation des mines; Métallurgie.

Cette section comprend 27 groupes et 123 classes.

6. — Machines; Moteurs de tous genres; Machines-Outils; Tissage; Filature; Imprimerie; Photogravure; Procédés lithographiques..., etc.

Cette section comprend 11 groupes et 86 classes.

7. — Modes de transport divers par voies de terre et de mer; Marine de guerre; Défense des côtes.

Cette section comprend 7 groupes et 44 classes.

8. — Manufactures de toutes sortes; Produits chimiques et pharmaceutiques; Vernis; Couleurs; Produits céramiques; Serrurerie d'art; Verreries; Bijouterie; Tissus; Éclairage; Chauffage; Ventilation; applications sanitaires..., etc.

Cette section comprend 35 groupes et 214 classes.

9. — Arts libéraux: Littérature; Musique; Science de l'ingé-

nieur; Médecine; Méthodes d'éducation; Travaux publics; Administration; Commerce; Industrie.

Cette section comprend 12 groupes et 115 classes.

10. — Ethnologie; Archéologie; Progrès de la civilisation depuis les temps les plus reculés.

Cette section comprend 18 groupes et 30 classes.

11. — Électricité et ses applications; Magnétisme.

Cette section comprend 17 groupes et 63 classes.

12. — Beaux-Arts; Collections anciennes et modernes.

Cette section comprend 8 groupes.

13. — Bâtiment du Gouvernement.

14. — Exposition et Pavillons des États-Unis.

15. — Cours et jardins; Expositions étrangères.

Palais des services Administratifs.

Ce bâtiment qui rappelle de loin le Dôme Central de l'Exposition universelle de 1889 est dû à M. Aunt, président de la Société des Architectes de New-York.

Il est, comme son nom l'indique, réservé aux services administratifs de l'Exposition.

Les quatre étages de chacun des quatre pavillons d'angle de ce palais comportent à cet effet des salles et des bureaux.

Au rez-de-chaussée de l'un des Pavillons sont les services des pompiers et le département de la police avec des cellules pour la détention provisoire des prisonniers.

Dans un second pavillon sont les bureaux du service des

Ambulances, la Pharmacie, les Affaires étrangères, le bureau des Informations.

Le rez-de-chaussée du troisième pavillon est réservé à la poste et à la banque; celui du quatrième au public, il renferme un restaurant.

Les second, troisième et quatrième étage de chaque pavillon renferment les bureaux, les salles de réunion des Comités, le bureau du Directeur-Général, les locaux réservés au service de la Publicité, aux Jurys des récompenses et à la Commission centrale de l'Exposition.

Palais de l'Agriculture.

La section de l'Agriculture est aux deux tiers couverte par des bâtiments dont le plus important est le grand palais de 240 mètres $\times$ 150 mètres. C'est l'une des constructions les plus élégantes de l'Exposition.

Au Sud de ce bâtiment est située l'Exposition agricole. Le premier étage de cette construction est aménagé pour les bureaux, les salles de réunion des divers Comités agricoles, le bureau des renseignements, des salles d'attente pour le public.

De larges escaliers conduisent à la grande salle des réunions. On y trouve une série de livres sur l'agriculture en général et les diverses industries qui s'y rattachent.

Derrière le palais de l'Agriculture est une annexe de 100 mètres $\times$ 150 mètres pour recevoir les produits qui ne pourraient trouver de place dans le Palais lui-même.

Plus loin s'élèvent une scierie, le pavillon des Forêts et une laiterie dans laquelle sont exposées les méthodes les plus nouvelles pour l'exploitation des fermes.

Le département de l'Agriculture comprend en tout 19 groupes subdivisés eux-mêmes en classes.

Le premier groupe comprend les céréales, les herbes et les plantes fourragères. Les onze classes de ce groupe embrassent non seulement le blé des Indes, l'avoine, l'orge, etc..., mais encore les modes divers et modernes d'ensemencement, les silos, etc...

Les cinq classes du groupe numéro 2 comprennent le pain, les biscuits, les pâtes alimentaires ainsi que les méthodes de fabrication et de traitement de ces produits.

Les sucres et sirops font l'objet du groupe numéro 3, qui est partagé en onze classes. Toutes les méthodes de fabrication du sucre à l'aide de la canne à sucre, du raisin, de la betterave, de l'érable, du palmier et du lait s'y trouvent exposées.

Le groupe 4 est divisé en cinq classes qui sont affectées aux tubercules en général, etc.

Le groupe 5 est réservé aux produits de fermes.

Les huit classes du groupe 6 renferment les méthodes de conservation des viandes, les préparations alimentaires pour lesquelles Chicago a le monopole. Les produits exposés dans ce groupe sont notamment les conserves de viandes et de poissons, les extraits de viande, de lait, de café, etc...

Le lait et ses dérivés font l'objet des quatre classes du groupe 7 qui, en outre renferme les méthodes diverses de transport et de fabrication de ces produits.

Le groupe 8 avec ses huit classes, est réservé aux thés, cafés, et aux plantes aromatiques telles que le tabac. Les méthodes de fabrication de ces divers produits s'y trouvent exposées.

Les fibres animales et végétales, leur culture et leur traitement font l'objet des dix classes du groupe 9. On y remarque notamment le coton, le chanvre, le lin, la jute, la laine en toison, la laine emballée en sacs et en ballots, la soie, etc...

Les eaux pures et minérales, les eaux gazeuses naturelles et artificielles ainsi que les eaux distillées et aérées sont réparties dans les trois classes du groupe 10.

Dans les six classes du groupe 11 sont exposés les alcools, liqueurs et boissons alcooliques.

Le malt et la bière font l'objet des deux classes du groupe numéro 12.

Les machines et procédés employés pour la fermentation, la distillation et la mise en bouteille des différentes boissons sont exposés dans les quatre classes du groupe 13.

Le groupe 14 est divisé en cinq classes et réservé aux systèmes d'irrigation, de drainage et aux méthodes d'élevage, etc.

Le groupe 15 est réservé aux ouvrages: livres, publications et statistiques concernant l'agriculture.

Les outils et machines agricoles, ainsi que les divers produits et engrais sont répartis dans les six classes du groupe 16.

Le groupe 17 comprend quatre classes réservées aux guanos et engrais commerciaux.

Les cinq classes du groupe 18 comprennent les graisses, huiles, savons, bougies, etc...

Enfin dans les vingt classes du groupe 19 sont exposés les divers produits des forêts et toutes les espèces de bois utilisées dans la botanique, la médecine, le commerce et l'industrie.

Palais de l'Horticulture.

Le dôme central du Palais de l'Horticulture abrite les grands palmiers, les bambous et les fougères arborescentes. Les autres parties (ailes et pavillons latéraux) sont réservées aux plantes de jardin et de serre, aux fruits et aux légumes. Le café a une exposition spéciale dans les galeries extrêmes des pavillons. Suivant leurs exigences au point de vue du jour et du soleil, les différentes plantes sont exposées soit dans les nefs centrales soit sur les côtés.

La section B comprend en tout 7 groupes, formant la suite des groupes de la section agricole.

Le groupe 20, divisé en quatorze classes, s'occupe spécialement de viticulture. Les méthodes les plus récentes de culture de la vigne, d'exploitation des vignobles, de guérison des vignes malades et de conservation des grappes, les procédés de fabrication des vins, et les ouvrages, publications et statistiques concernant cette science sont exposés dans ce groupe. Les quatorze classes du groupe 21 sont réservées à la pomologie et à ses diverses applications.

Une partie importante de ce groupe est relative aux conserves de fruits, jus, confitures, aux procédés de fabrication de ces produits et aux méthodes chimiques et frigorifiques usitées pour la conservation des fruits. Toute une collection d'ouvrages historiques et scientifiques relatifs à la pomologie est exposée dans ce groupe.

Le groupe 22 est divisé en vingt-deux classes et est réservé exclusivement aux fleurs et plantes d'ornement ainsi qu'aux ouvrages de botanique.

Les légumes et les plantes comestibles sont répartis dans les sept classes du groupe 23.

Les conserves de légumes et les procédés de conservation des plantes fraîchement cueillies font partie de ce groupe.

Le groupe 24 comprend six classes affectées aux graines, aux méthodes d'ensemencement et de culture, aux graineteries, magasins et aux procédés permettant de reconnaî re la vitalité des grains.

Les six classes du dernier groupe sont réservées aux méthodes industrielles ayant trait à l'horticulture. Elles comprennent les serres, les meubles de jardin, les clôtures, les constructions pour jardins, les ouvrages dans le roc, grottes, les appareils de chauffage pour l'horticulture, etc.

Palais des Pêcheries.

Le Palais des Pêcheries est, comme son nom l'indique, exclusivement réservé aux poissons et autres animaux vivant dans l'eau; au point de vue auquel nous nous plaçons, ce Palais ne nous intéresse que parce qu'on y expose les procédés employés pour la pêche, la capture de ces animaux et leur utilisation industrielle.

Le poids approximatif de l'eau qui circule dans les différents aquariums est de 600 tonnes. Elle est mise en mouvement par des pompes à double effet.

La section D relative à cette partie spéciale de l'Exposition comprend cinq groupes.

Le groupe 37, qui est divisé en quatorze classes, a pour objet toutes les variétés d'organismes faisant partie de la zoologie et de la botanique des eaux.

La pêche en mer et la capture en mer de toutes ces variétés d'êtres font l'objet du groupe 38 qui est divisé en dix classes. Les documents historiques, règlements et commerce de la pêche y sont exposés. Les appareils usités dans cette industrie, les stations de pêche, les navires, bateaux et engins spéciaux rentrent dans ce groupe.

La pêche fluviale occupe les huit classes du groupe 39. Dans le groupe 40 sont distribuées neuf classes qui ont pour objet les établissements traitant les produits de la pêche, les procédés employés dans ce traitement et les spécimens de produits obtenus. Des types de marchés à poissons sont exposés dans ce groupe en même temps que les moyens de transport et de conservation du poisson, et les produits tels que coraux, éponges, etc.

Le dernier groupe de cette Section (groupe n° 41) se divise en dix classes affectées à l'élevage et à la culture des poissons et des mollusques. Il comprend les divers procédés utilisés à cet effet, ainsi que les établissements spéciaux consacrés à cette branche de l'industrie; en outre, les traitements divers des maladies du poisson et les procédés pour détruire les germes des eaux souillées par les égouts et les produits chimiques nuisibles à la vie.

Les particularités intéressantes de l'Exposition des Pêcheries sont les produits exposés par le Mexique, les collections présentées par la Russie, les instruments de pêche du Canada et du Brésil et les établissements de culture de la Pensylvanie et du Wisconsin.

Palais des Mines et de la Métallurgie.

Ce palais, œuvre de l'architecte Benidre, de Chicago, dépend de la section E du classement officiel qui comprend 27 groupes.

Les deux classes du premier groupe (n° 42) comprennent les minerais, métaux natifs, pierres, cristaux et spécimens géologiques divers; ainsi que des études sur la cristallographie et la formation de la terre.

Les quatre classes du groupe 43 sont affectées aux combustibles minéraux solides, liquides et gazeux, tels que charbons, bitumes, asphaltes, cokes, pétrole, gaz naturels.

Les pierres d'ornementation et de construction rentrent dans le groupe 44, et les matériaux servant au broyage et au polissage dans le groupe 45. Le premier comprend les différentes variétés de granits, marbres, agathe, jaspe, etc.; et le second, les variétés de quartz, sables, diamants, corindoy et émeri.

Le groupe 46 se compose de onze classes où sont exposés le graphite et ses différentes variétés et applications, l'argile, le kaolin, le silex, les matériaux servant à la fabrication de la porcelaine, des briques et du verre, les matériaux réfractaires, le mica, la bauxite, etc.

Dans les cinq classes du groupe 47 sont exposés les agglomérés tels que le béton, les ciments et chaux, les pierres artificielles, les plâtres, les enduits, les mastics et les dallages, ainsi que les divers modes de traitement de ces produits.

Le groupe 48 avec ses huit classes est consacré aux procédés chimiques pour extraire et traiter les sels, le soufre, les eaux minérales, les composés chimiques tels que les sulfates, oxy-

des, aluns, pyrites le nitre, l'acide borique, et les engrais minéraux tels que les phosphates.

La métallurgie du fer et de l'acier occupe les treize classes
du groupe 49. Toutes les variétés de minerais, de fondants, de
laitiers, les pièces de fer et d'acier, les modèles des appareils
de traitement (fours de puddlage, cubilots Bessemer) sont exposés dans ce groupe.

Les autres catégories de la section E sont moins importantes.
Nous nous contenterons donc de les signaler brièvement.
Groupe 50 : aluminium. Groupe 51 : cuivre et ses composés,
bronze d'aluminium. Groupe 52 : étain, son emploi pour la
protection du fer et de l'acier. Groupe 53 : zinc, nickel, cobalt.
Groupes 55 et 56 : Extraction et traitement de l'or et de l'argent par les méthodes à froid. Groupe 57 : extraction et traitement de l'or et de l'argent à chaud. Le groupe 58 est consacré au travail des pierres : extraction, découpage et polissage.
Les méthodes d'extraction font l'objet du groupe 59. L'installation générale des mines, leur découpage, leur aérage et leur
ventilation rentrent dans le groupe 60. Groupe 61 : outils et
machines affectés à l'extraction et à l'enlèvement des minerais.
Groupe 62 : épuisement dans les mines. Groupe 63 : triage,
classification et emmagasinage des minerais à la sortie de la
mine. Groupe 64 : appareils de broyage du minerai. Groupe 65 :
tamisage et lavage du minerai, séparation des parties riches et
des parties pauvres. Groupe 66 : essais des Minerais. Groupe 67 :
ouvrage relatifs aux mines et à la métallurgie, plans, cartes,
diagrammes d'exploitation, législation des mines. Groupe 68 :
anciens outils et procédés d'exploitation.

Certaines parties de l'Exposition minière et métallurgique
méritent une attention spéciale. Il faut citer la colonne d'anthracite de 18 mètres fournie par l'État de Pensylvanie, puis la

remarquable colonne érigée par les soins de M. David T. Day, chef de la division de statistique et technologie minières. Cette colonne se compose de tous les matériaux extraits de la terre au États-Unis pendant une seconde. Sa base est un bloc de charbon surmonté d'un bloc d'anthracite. Au-dessus sont dressés des morceaux de calcaire, de minerai de fer, des réservoirs de pétrole, des réservoirs de gaz naturel comprimé à à la densité du charbon et figurés par un morceau équivalent de ce minerai, et enfin à la partie supérieure les pièces et les minerais précieux.

A citer encore les alliages exposés par MM. Tiffany de New-York, et l'exposition des huiles dans la partie Nord du Palais des Mines.

Toutes les variétés d'huiles y sont groupées par ordre de densité. On y remarque encore deux modèles représentant l'un la première raffinerie fondée par la « Standard Oil Company » et l'autre une raffinerie moderne avec des échantillons d'huile après chaque période de travail, puis plus loin, une série d'exemples de l'emploi commercial de la paraffine ; puis enfin une pyramide de tonneaux en miniature, représentant la production quotidienne d'huile aux États-Unis. Ces tonneaux sont peints de différentes couleurs de manière à représenter les proportions des différentes espèces d'huiles : huile de naphte, huile à brûler, huile de graissage, etc...

Cette intéressante Exposition est complétée par une série de lampes, parmi lesquelles une lampe de phare, et par une coupe géologique montrant la manière dont l'huile s'accumule dans certaines poches de terrain.

Palais des Machines

Le Palais des Machines est dû à MM. Peabody et Stearn, de Boston. Il est flanqué d'une annexe et de deux bâtiments : l'un pour les chaudières, l'autre pour la production de la force motrice, utilisée par les machines qui fonctionnent dans le Palais. Ces Machines sont mues par l'air comprimé ou par l'électricité et non par la vapeur, de manière à éviter tous les désagréments qui résultent des transport et distribution de vapeur au milieu de machines et des produits exposés.

Une partie du Palais est transformée en grande station centrale d'électricité. Les moteurs à vapeur et les dynamos qui y sont installés développent une force totale de 25.000 chevaux, et le courant ainsi développé est distribué dans toute l'Exposition.

Le bâtiment des chaudières renferme 37 générateurs de grande puissance chauffés au moyen du pétrole qui est pompé à cent cinquante milles de distance de l'Exposition dans les exploitations de l'État d'Indiana et qui est distribué aux foyers de ces chaudières par un distributeur automatique.

Les machines destinées à la production de la force motrice sont au nombre de 40 et ont une puissance variant de 750 à 300 chevaux. Les dynamos peuvent alimenter chacune de 50 à 10.000 lampes. La distribution est faite par galeries souterraines rayonnant à plus de 1.600 mètres de distance.

La longueur totale du réseau qui alimente ainsi les différents bâtiments et stations d'éclairage est voisine de 100 kilomètres, et aucune partie de ce réseau n'est placée au-dessus du sol.

La section des objets exposés dans le Palais des Machines

et les bâtiments qui en dépendent est la section F du classement officiel qui est divisée en onze groupes.

Le premier, groupe 69, est divisé en douze classes, comprenantles moteurs et appareils pour la production et la transmission de la force, appareils hydrauliques et à air comprimé.

Les chaudières, roues et béliers hydrauliques, machines à air et à gaz, etc..., rentrent dans ce groupe qui comprend aussi les différents types de pompes à liquides, les pompes de compression des gaz, les souffleries, les appareils réfrigérants, les presses hydrauliques, les ascenseurs, ponts roulants, etc...

La transmission de force est représentée par tous les types d'arbres, courroies, griffes, embrayages, canalisations, etc., et par une installation complète de transport de force par l'air comprimé.

Les cinq classes du groupe 70 sont réservées aux machines à feu — appareils et applications de modes connus pour l'extinc tion du feu.

On y remarque les échelles de sauvetage, les tuyaux d'eau et les appareils à réactions chimiques pour l'extinction des incendies.

Le groupe 71, avec ses quatre classes est réservé aux machines-outils destinées au travail des métaux.

Le groupe 72 est divisé en treize classes et comprend les machines destinées au travail des textiles et à la fabrication des tissus. La confection des cordes, des fils, de la tapisserie, des tapis, la broderie, la préparation et le travail des cuirs, la confection des chaussures, la fabrication du papier, etc..., fon l'objet de ce groupe. Parmi les machines, dignes d'appeler l'attention, il faut éviter les machines à coudre les cuirs et les tissus épais.

Les machines à travailler le bois sont classées dans le

groupe 73 qui comprend entre autres fabrications intéressantes, celle des allumettes et des cure-dents.

Le groupe 74 est divisé en dix-neuf classes et a pour objet l'imprimerie en général.

Les presses, balanciers, machines à découper le papier, à fabriquer les enveloppes, etc..., sont exposés dans ce groupe qui comprend aussi la fabrication des caractères d'imprimerie, la typographie, la lithographie, l'électrotypie, la stéréotypie et la reliure.

Dans les deux classes du groupe 75 sont exposés les appareils et outils pour la lithographie, la zincographie et l'impression des couleurs. A côté des procédés nouveaux on a sous les yeux des échantillons et appareils montrant les divers modes de gravure sur bois et sur pierre depuis le xe siècle.

La photographie et ses applications variées dans l'industrie (photogravure, photolithographie..... etc.), font l'objet du groupe 76.

Le groupe 77 comprend onze classes dans lesquelles sont exposés les outils à main et les appareils employés dans diverses industries, notamment dans la fabrication des montres, des bijoux, des boutons, des aiguilles, dans le blanchiement et le repassage du linge. — Les machines à fabriquer les capsules et autres accessoires pharmaceutiques, les rouleaux à écraser les pierres, les balayeuses, les tonneaux d'arrosage, les appareils de graissage, les dynamomètres.... etc., sont exposés dans ce groupe.

Le travail des pierres et des matériaux de construction rentre dans les trois classes du groupe 78. Les scies, broyeurs, rouleaux, machines à fabriquer les briques, tuiles et produits céramiques, la fabrication de la pierre artificielle rentrent dans ces trois classes.

Les appareils mécaniques pour la préparation et la transformation des produits alimentaires sont répartis dans les cinq classes du groupe 79. On y remarque les divers types de moulins à farine, les appareils pour le raffinage du sucre, les presses à huiles, les machines destinées au travail des épices, à la torréfaction et au broyage du café ainsi que 'les étuves pour la condensation du lait par évaporation.

PRINCIPALES MACHINES EXPOSÉES

Dans la partie réservée à la production de la force motrice, il faut citer en premier lieu la machine à quadruple expansion, type Reynolds-Corliss, construite par MM. Allis et Cᵉ, de Milwaukee. — Cette machine, qui tourne à 60 tours, actionne 2 dynamos Westinghouse de 10 000 lampes. Elle développe normalement 2 000 chevaux, mais elle peut fournir 3 000 chevaux. La commande du distributeur se fait électriquement, et c'est ce qui a permis au président Cleveland, lors de l'inauguration de l'Exposition, le 1ᵉʳ mai 1893, de mettre en marche ce moteur à distance, à l'aide d'un simple commutateur.

Sur les 12 000 chevaux exigés par l'éclairage de l'Exposition, et dont 2 000 sont fournis par la machine Allis, la compagnie Westinghouse en fournit 6 000 à l'aide de 6 moteurs compound verticaux de 1 000 chevaux chacun.

Ces moteurs, qui tournent à 200 tours actionnent directement chacun 2 dynamos Westinghouse à courant alternatif.

Les 4 000 chevaux restants sont fournis par MM. Fraser et Chalmers, de Chicago, au moyen d'une machine à triple expansion de 1 000 chevaux tournant à 60 tours ; — MM. Mac-Intosh et Seymour, avec une machine compound à cylindres, en tandem, donnent 1 000 chevaux à raison de 110 tours par minute ; — les usines Atlas, qui exposent une machine compound-tandem de 1 000 chevaux et 150 tours ; — les usines Buckeye dont le moteur est aussi de 1 000 chevaux. Cette machine est à triple expansion et tourne à 85 tours.

Ces six usines ont exposé, en outre, une série de moteurs d'une construction très perfectionnée notamment des machines à grande vitesse et à commande directe.

Une des parties intéressantes de l'Exposition des machines est celle de la « General Electric C° », qui a fourni une machine marine type Corliss à condensation tournant à 100 tours et actionnant 2 génératrices multipolaires de 400 kilowatts type Edison.

Citons encore les machines à grande vitesse d'Armington et de Sims, de Ball et Wood... etc.

L'Exposition des machines allemandes se distingue par l'installation sucrière de la « Braunschweigger Maschinenhanaustaldt ; — les machines à travailler le bois de Kirchner et C°, de Leipzig ; — la machine à vapeur marine de Schichau-Elbing, commandant directement une dynamo Siemens à courant continu de 1 000 chevaux.

Les moteurs à gaz d'Otto, les machines textiles de Platt en Angleterre et de Gessner en Saxe ; le pont roulant électrique de 10 tonnes de Shaw ; les machines-outils, presses, etc., de Wood, de Philadelphie ; le réfrigérant d'air système de la Vergne et les pompes de toutes sortes, notamment celles de Worthington et de la « Mac Gowan C° », de Cincinnati Ohio, sont autant de points dignes d'attirer l'attention en dehors des machines de toutes sortes exposées par les industriels Français et Anglais.

Un détail à noter est que toutes les commandes sont faites à l'aide de courroies à l'exception de celle d'une machine compound type Galloway de 450 chevaux, qui est faite à l'aide de 12 cordes.

SERVICE DES EAUX

Au début des études préparatoires de l'Exposition, on crut que les réservoirs de Chicago pourraient fournir la quantité totale d'eau exigée pour les besoins de l'Exposition ; mais on reconnut vite l'impossibilité de ce projet, et il fut résolu qu'une station spéciale de distribution d'eau serait élevée. — C'est la société Worthington qui fut chargée de ce travail. — Aux termes de son contrat avec le Comité de l'Exposition, cette Société devrait débiter par jour 237 000 mètres cubes d'eau, prise dans le lac Michigan.

L'installation des pompes est faite dans un bâtiment attenant au palais des machines et dans un emplacement spécial réservé à l'intérieur de ce palais. — Elle comprend :

1° 2 machines horizontales type compound avec condensation, dont l'une est de 500 chevaux ; l'autre de 190 chevaux. La première peut fournir par jour 44 400 mètres cubes, et la seconde 18 500 mètres cubes, les journées étant de 24 heures ;

2° 2 machines verticales dont l'une de 500 chevaux peut fournir 55 500 mètres cubes par jour ; et l'autre de 400 chevaux et à triple expansion peut fournir 29 600 mètres cubes par jour.

La partie de l'installation logée dans le Palais des Machines comprend 7 machines du type Worthington pouvant fournir l'eau qui circule dans l'Exposition et dont le débit atteint 89 000 mètres cubes.

Dans le bâtiment spécialement réservé au service des eaux, le service des pompes d'incendie a installé des tuyauteries de toute espèce, et pris toutes les dispositions nécessaires pour combattre le feu sur tous les points de l'Exposition où il viendrait à se déclarer.

Palais des Transports

Le Palais des transports est dû à MM. Adler et Sullivan architectes de Chicago. A ce palais est accolée une annexe très vaste et n'ayant qu'un étage de hauteur.

Différents bâtiments complètent cette partie de l'Exposition. Ce sont le pavillon de la compagnie du « Pensylvania Railroad », le pavillon de la compagnie maritime du « White Star Line », situé au Nord du pavillon de l'horticulture ; et le pavillon de la compagnie Krupp, situé au bord du lac Michigan, entre le couvent de la Rabida et le pavillon des cuirs.

CLASSIFICATION DES OBJETS EXPOSÉS

Toute l'Exposition des transports est comprise dans le département G de la classification officielle qui est divisé en sept groupes.

Le premier est le groupe 80, divisé en cinq classes ; il est consacré aux chemins de fer et aux voies ferrées. Toutes les parties de l'infrastructure et de la superstructure, les profils de voies, les types de gares et stations, de signaux et appareils de sécurite y sont exposés en même temps que d'anciens types de locomotion et de matériel roulant employés autrefois aux Etats-Unis.

Dans les quatre classes du groupe 81 est exposé le matériel roulant des rues et des petites lignes, à savoir les chemins de fer funiculaires, les tramways électriques et à vapeur ainsi que les voitures sur rails mues par chevaux, les modes de transport aériens et souterrains, etc...

Le groupe 82 comprend les modes de transport spéciaux ; voies de montagne, plate-formes mobiles, etc...

Les quinze classes du groupe 83 sont réservées aux voitures de routes ordinaires et aux objets qui s'y rattachent : brouette, tricycle; bicyclette, etc... y sont exposés ainsi que les types divers de harnachements et de selles.

Dans les quatre classes du groupe 84 se trouvent les appareils et modes de transport spéciaux aériens, pneumatiques et autres, tels que les tubes pneumatiques pour dépêches, les ballons, etc...

Le groupe 85 est divisé en neuf classes affectées aux vaisseaux, navires et moyens de transport fluviaux et maritimes. Il comprend tout ce qui se rapporte à la construction des navires, au chauffage, à la ventilation et à l'éclairage des bateaux, ainsi que les appareils divers de sauvetage.

La marine de guerre et la défense des côtes font l'objet des six classes du groupe 86 qui comprennent tous les types anciens et modernes de navires de guerre, de canons et de cuirasses.

REVUE DES PARTIES LES PLUS INTÉRESSANTES DE L'EXPOSITION DES TRANSPORTS

De toutes les parties de l'Exposition des transports, celle des chemins de fer est la plus vaste. L'un des points les plus intéressants de cette partie est l'Exposition faite par la Compagnie du Pensylvania Railroad tant dans le Palais même des transports et son annexe que dans le pavillon spécial qu'elle a fait élever. Auprès de ce pavillon stationnent la première locomotive le « John Bull » ayant fonctionné d'une manière continue aux États-Unis et les deux gros trucs ayant servi au transport des canons Krupp, de Baltimore à Chicago.

La locomotive «John Bull» qui a commencé son service en 1831 sur le « Camden and Amboy Railroad » a amené en cinq jours de New-York à Chicago deux voitures qui datent de la même époque. Dans ce trajet, sa vitesse a parfois atteint 60 kilomètres à l'heure.

L'Exposition des locomotives Baldwin, de Philadelphie, et des locomotives Brooks de Dunkirk (New-York) est une des plus intéressantes de l'annexe du Palais des Transports.

Sur 17 locomotives exposées par la Compagnie Baldwin, 9 sont compound. L'une d'elles pèse près de 90 tonnes, et repose sur 10 roues couplée avec truc à 2 roues. Un des types exposés est la vieille machine « Old Ironsides » construite par Mathias Baldwin en 1832 et pesant avec son chargement complet moins de 5 tonnes.

La Compagnie du « Canadian Pacific Railway » a exposé l'un de ses grands trains qui traversent le continent depuis l'Atlantique jusqu'au Pacifique.

La Compagnie Pullmann a exposé de nombreux échantillons de ses somptueuses voitures ainsi qu'un modèle en réduction de sa cité ouvrière et de ses ateliers où le travail se fait progressivement sur chaque voiture au fur et à mesure qu'elle avance d'une extrémité à l'autre des ateliers.

La Compagnie du «Baltimore and Ohio Railroad» s'est surtout attachée à faire une exposition rétrospective offrant un caractère historique.

L'exposition Française est des plus instructives. Outre les quatre grandes locomotives envoyées par les Compagnies des Chemins de fer du Nord, de l'Etat, de l'Ouest et de Paris-Lyon-Méditerranée ; il faut citer les échantillons nombreux des roues d'Arbel, de Rives-de-Gier, des types de roues de voitures, les modèles de ponts et de grues envoyés par l'usine de Fives-Lille et par le Corps des Ponts et Chaussées.

L'Angleterre a exposé entre autres objets la vieille locomotive de Stephenson « la Fusee » et la locomotive du Great Western le « Lord of Isles. »

Enfin, des modèles nombreux de rails, de signaux, de barrières... sont exposés ainsi que des types de ponts, entre autres le pont de Memphis jeté sur le Mississipi.

La partie maritime est, après celle des chemins de fer, la plus vaste de l'Exposition des transports. En première ligne, on remarque le pavillon de la compagnie « White Star Line », dans lequel sont aménagées des cabines somptueuses telles qu'il en existe à bord des navires de cette compagnie, puis une série de modèles représentant les principaux marcheurs de cette ligne : le « Majestic » et le « Teutonic » et une série de modèles d'anciens navires notamment de l' « Oceanic », le premier de la ligne construit en 1870.

Les grands panneaux et dioramas exposés par la compagnie transatlantique française, les modèles des navires allemands le « Wœrth » et le « Hohenzollern », l'exposition du Lloyd et de la compagnie de navigation de Hambourg, entre autres le modèle de transport à grande vitesse le « Fürst von Bismark » sont du plus haut intérêt.

L'Exposition anglaise comprend les produits envoyés par la maison Armstrong, notamment les modèles du « Victoria », ce cuirassé qui, au mois de juillet 1893, a sombré après abordage dans les eaux de la Méditerranée, et du croiseur à grande vitesse le « 25 du mayo », construit par la République Argentine ; en outre, les modèles exposés par les compagnies maritimes « Thames Iron », « Fairfield », etc.

Entre autres objets remarquables, il faut citer les modèles des mécanismes moteurs des torpilles Whitekens, les types de bateaux marchant à l'aide du pétrole exposés par la Compagnie des machines à gaz de New-York ; le « Puritan » qui est le type du bateau fluvial à grande vitesse et qui fait le service entre New-York et Boston, les différents modèles de bateaux exposés par le Japon, etc...

L'Exposition des Transports offre encore quelques modèles intéressants de freins à air comprimé et de freins à vide, des types Westinghouse et des types Boyden, des modèles d'excavateurs, d'appareils de transmission, etc...

Dans le Palais même sont exposés tous les produits des usines de Bethlehem : canons, cuirasses, tubes et frettes de bouche à feu, lingots d'acier coulé et comprimé à l'état liquide, et au centre une reproduction exacte du grand marteau-pilon de 125 tonnes, employé dans ces usines pour le forgeage des gros lingots.

Un pavillon spécial a été élevé pour recevoir les produits de la Maison Krupp. Parmi les objets exposés, il faut citer :

Le canon de 4 centimètres de 33,5 calibres, pesant 122 tonnes, qui a déjà tiré seize coups au polygone de Meppen ; le canon de 36 centimètres pesant 62 tonnes et monté en tourelle avec tous les mécanismes hydrauliques destinés au pointage et à la manœuvre des munitions ; le canon de 28 centimètres de 40 calibres pesant 43 tonnes et monté sur affût de côte avec freins hydrauliques ; un canon de 24 centimètres de 40 calibres ; un autre de 21 centimètres pesant 14 000 kilogrammes et manœuvré par des appareils électriques ; puis une série de canons de 15 centimètres, 12 centimètres, 87 millimètres et 75 millimètres ; un mortier de 75 millimètres et des canons de 24 centimètres et de 10^{cm},5 de siège ; des canons de campagne et de montagne lourds et légers ; enfin une série de plaques de cuirasse en acier, en métal compound.

En dehors de l'artillerie, l'usine Krupp expose encore une série de presses, marteaux, roues de locomotives, ossatures de navires, machines, arbres et ponts-roulants ainsi qu'une vue d'ensemble de ses ateliers à Essen et de son polygone de tir de Meppen.

Des modèles en bois des canons de 120 et de 62 tonnes sont montés sur les trucks de la Pensylvania Railroad C^0.

Palais des Arts et Manufactures.

Le Palais des Arts et Manufactures, dû à M. G. Post de New-York est réservé aux trois sections classées dans le Catalogue officiel sous les dénominations suivantes :

H Exposition des Manufactures ;

L Exposition des Arts Libéraux ;

M Exposition ethnologique et archéologique.

EXPOSITION DES MANUFACTURES.

Cette partie du Palais comprend trente-cinq groupes de produits et objets de la plus haute importance au point de vue industriel et commercial.

Le premier, Groupe 87, est exclusivement affecté aux produits chimiques et pharmaceutiques.

Les neuf classes de ce groupe comprennent les acides organiques et minéraux, les bases, les oxydes et sels, les essences, parfums et produits explosifs montrés seulement sous leur forme commerciale.

Dans les quatre classes du groupe 88, sont répartis les couleurs et vernis ainsi que les encres ordinaires et d'imprimerie.

Les types divers de papiers et d'objets relatifs à la papeterie, plumes, crayons, etc..., sont exposés dans le groupe 89.

Les objets de décoration, boiseries, travaux d'aiguille, sont exposés dans le groupe 90.

Les autres groupes sont décrits comme suit :

Groupe 91 : Céramique et mosaïque. — Groupe 92 : Marbres et matériaux pour monuments funéraires, Mausolées. — Groupe 93 : Travaux d'art en fer et bronze. — Groupe 94 : Types divers de verres brut et travaillé, simple et coloré, irisé, etc... — Groupe 95 : Verres peints pour la décoration des appartements et des églises. — Groupe 96 : Gravure et sculpture sur bois, ivoire, métal, verre et porcelaine. — Groupe 97 : Objets de décoration en or et argent, nickel et aluminium, Services de table. — Groupe 98 : Joaillerie. — Groupe 99 : Horlogerie, Outillage pour la fabrication des objets d'horlogerie. — Groupe 100 : Echantillons divers de soies brutes et travaillées. — Groupe 101 : Fibres végétales et minérales : Jute, Ramie, Asbeste, Tissus en fil de verre.—Groupe 102 : Fabrication des tissus en lin et en coton, Opérations du tissage. — Groupe 103 : Fabrication des tissus en laine, alpaga, poil de chameau, etc... — Groupe 104 : Habillement. — Groupe 105 : Fourrures. — Groupe 106 : Travaux d'aiguille, Machines à broderies et tapisseries. — Groupe 107 : Coiffure. — Groupe 108 :

Objets de voyage et de campement. — Groupe 109 : Caoutchouc, Gutta-percha. — Groupe 110 : Jouets, Objets de fantaisie. — Groupe 111. — Industrie du cuir, Parchemin. — Groupe 112 : Appareils pour mesurer les poids et les volumes. — Groupe 113 : Matériel de chasse et de tir, Armes blanches, Petite artillerie, Mitrailleuses. — Groupe 114 : Éclairage, Lampes au pétrole, au gaz, etc..., Éclairage électrique : Lampes et supports. — Groupe 115 : Chauffage, Cuisson des aliments. — Groupe 116 : Appareils réfrigérants. — Groupe 117 : Fils métalliques : Treillages. — Groupe 118 : Travail du fer étampé, forgé et martelé. — Groupe 119 : Quincaillerie, Coutellerie. — Groupe 120 : Plomberie, Appareils sanitaires. — Groupe 121 : Objets divers.

Parmi tous les produits exposés dans la section des Manufactures et les appareils employés à leur fabrication, on peut citer :

Les nombreuses machines à écrire américaines, la joaillerie et l'horlogerie aux Etats-Unis, les fusils Remington et Winchester.

La France a exposé ses porcelaines de Sèvres ; la Belgique les produits de ses verreries et de ses usines de zinc de la Vieille-Montagne, ainsi que les armes de la fabrique d'Herstal et des usines de Liège. L'Allemagne nous a envoyé les produits chimiques de la grande usine de Ludwigshafen; la Suisse les produits de son horlogerie ; et le Japon une série de porcelaines, de bambous et une très grande variété de tissus et étoffes de soie.

EXPOSITION DES ARTS LIBÉRAUX

L'Exposition des Arts Libéraux est placée dans le Palais des Arts et Manufactures et comprend douze groupes distincts.

Le premier, Groupe 147, est réservé à tous les objets qui ont trait à l'éducation physique et intellectuelle et au développement de l'espèce humaine. Les dix classes de ce groupe comprennent les objets de gymnastique, patinage, sport nautique, jeux de toutes sortes ; l'alimentation en général et tout ce qui y touche : Réfectoires, restaurants, modes de distribution des vivres ; les types d'écoles, d'asiles, de lieux de réunion : théâtres, églises, etc...

Une partie intéressante est celle qui concerne l'hygiène des hôtels et endroits publics, les modes d'éclairage, de chauffage et de ventilation.

On y remarque une série de filtres, d'appareils de désinfection de procédés pour la purification de l'air, et surtout de l'air des ateliers où se manipulent les produits dangereux.

Les sept classes du groupe 148 sont réservées à la médecine et à la chirurgie. Les appareils servant aux investigations médicales aux opérations chirurgicales, et tous les moyens de transport pour malades et blessés par voies de terre et de mer sont exposés dans ce groupe.

L'enseignement primaire, secondaire et supérieur figurent dans le groupe 149 qui est divisé en treize classes. L'éducation des filles y figure comme celle des garçons. Tous les degrés d'enseignement sont représentés dans ce groupe.

Dans le groupe 150 se trouve l'exposition de la Littérature, des ouvrages de Librairie et du Journalisme.

Cette dernière branche offre un intérêt spécial par le développement rapide qu'elle a pris et l'importance qu'elle a acquise. D'intéressants documents figurent dans ce groupe sur l'organisation du service d'un journal, sans mode d'exploitation, de publication et ses résultats. On y remarque aussi des systèmes variés de cataloguage et de distribution des livres.

Le Groupe 151 comprend les instruments de précision et de recherches. Il se divise en douze classes affectées aux appareils de mesure et de calcul, et comprend notamment les appareils d'astronomie, de géodésie et de photométrie, tout ce qui se rattache à la météorologie, à la chronométrie, au magnétisme et à l'électricité, aux appareils de photographie et d'acoustique.

La science de l'ingénieur et du constructeur se partage avec les travaux publics dans le groupe 152.

Les treize classes de ce groupe comprennent les différents procédés employés pour la construction des routes, des ponts, des chemins de fer, des canaux, en un mot de toutes les voies de transport. Les méthodes de construction, de traitement des matériaux servant à l'architecture ainsi que tous les renseignements relatifs à l'architecture, figurent dans ce groupe.

Les cinq classes du groupe 153 ont pour objet les lois et documents intéressant le gouvernement d'une nation, les divers pouvoirs législatif, exécutif et judiciaire, la protection de la propriété, les services pénitentiaires..., etc.

Le fonctionnement de la police et des services postaux y est amplement retracé.

Le commerce, la banque et tout ce qui s'y rapporte sont représentés dans les douze classes du groupe 154.

Le Groupe 155 est divisé en cinq classes réservées aux grandes académies et sociétés pour le développement de toutes les branches des connaissances humaines.

Dans ce groupe sont figurés des modèles de musées, de galeries, de collections et d'expositions de toutes sortes.

Les associations commerciales, industrielles et coopératives occupent les sept classes du groupe 156, dans lequel on remarque notamment les groupements industriels et les organisations de sociétés commerciales.

Le Groupe 157 est spécialement affecté aux choses religieuses et à tout ce qui touche à la morale et à la charité. La musique et le théâtre occupent le groupe 158.

Le côté historique y est, comme dans tous les autres groupes, représenté en même temps que le côté pratique. C'est ainsi qu'on remarque dans ce groupe tous les instruments de musique d'une part et de l'autre les plans et détails des théâtres et des salles d'audition musicales.

EXPOSITION D'ETHNOLOGIE ET D'ARCHÉOLOGIE

C'est encore dans le Palais des Arts et Manufactures qu'est placé en grande partie l'Exposition d'Ethnologie, d'archéologie, des inventions et des progrès du travail humain. Elle comprend dix-huit groupes dont le premier, Groupe 159, est affecté aux constructions les plus anciennes élevées par l'homme, aux cités lacustres, aux monolithes du culte celtique... etc.

L'habillement des peuplades primitives et l'ornement de leurs demeures font l'objet du Groupe 160.

Les autres groupes sont répartis comme suit :

Groupe 161 : Armes de chasse et de guerre. — Groupe 162 : Outillage et appareils nécessaires à la fabrication des aliments

et de l'habillement. — Groupe 163: Exercices et jeux athlé-
tiques. — Groupe 164 : La Religion et les symboles dans les
divers âges. — Groupe 165 : Découvertes archéologiques. —
Groupe 166: modèles d'anciens navires, datant surtout de
l'époque de la découverte de l'Amérique. — Groupe 167 : Map-
pemondes et cartes anciennes. — Groupe 168 : Monuments
anciens et constructions d'une époque antérieure à la découverte de l'Amérique. — Groupe 169: Modèles d'habitation et
de constructions élevées depuis l'époque de la découverte de
l'Amérique. — Groupe 170 : Représentations graphiques de la
marche des inventions et du progrès du travail humain dans
l'industrie. — Groupe 171: Progrès et améliorations dans les
conditions du travail et de l'existence, Perfectionnements de
l'agriculture et de la main-d'œuvre.— Groupe 172 : Travaux de
la Femme exposés dans le Palais des Femmes. — Groupe 173 :
Expositions des Etats, du Gouvernement et des nations étrangères dans leurs pavillons respectifs. — Groupe 174: Mœurs et
Coutumes des indiens de l'Amérique du Nord. — Groupe 175 :
Portraits et bustes des grands inventeurs et des hommes ayant
le plus contribué aux progrès de la civilisation, à tous les
étages. — Groupe 176: Expositions isolées et collections
diverses.

Palais de l'Electricité

L'Exposition entière de Chicago est le triomphe de l'électricité. On la retrouve partout sous forme de câbles transportant le courant des génératrices aux moteurs, aux lampes éclai-

rant toute l'étendue des Palais, des Pavillons et des Cours, et sous forme d'appareils divers répartis dans les différents bâtiments de l'Exposition, tant dans le Palais des Transports que dans celui des Manufactures et celui des Machines.

Les puissantes machines d'éclairage et de transport de force sont plutôt dans le Palais des Machines ; toutefois, il a paru utile d'abriter dans un même palais les diverses branches de la science électrique, de manière à donner un caractère d'ensemble et d'unité à toutes les parties de cette intéressante Exposition.

La construction de ce Palais est due à MM. Van Brunt et Home de Kansas City.

Les objets qui y sont exposés rentrent dans la section J du classement officiel qui se divise en dix-sept groupes.

Le premier, Groupe 122, divisé en quatre classes, est réservé aux appareils qui mettent en lumière les lois et phénomènes de l'électricité et du magnétisme, l'aimantation passagère et permanente, l'induction, les courants thermo-électriques, etc.

Le Groupe 123 comprend les appareils de mesure: voltmètres, ampèremètres, condensateurs, rhéostats.

Les batteries électriques, primaires et secondaires figurent dans le groupe 124.

Dans le Groupe 125 sont représentés les différents types de machines permettant la production de l'électricité par des moyens dynamiques : c'est le groupe des machines dynamo-électriques.

La transmission et la régularisation du courant électrique font l'objet du groupe 126, divisé en trois classes et comprenant les divers types de câbles, d'isolants, d'attaches, de coupe-circuits fusibles, de boîtes de résistances.

Les moteurs à courant continu et à courant alternatif rentrent dans le groupe 127.

Dans le groupe 128 sont exposés les modes d'application des moteurs électriques au transport des véhicules sur terre et dans la mine, aux installations de pompes d'épuisement, aux presses d'imprimerie, aux jouets et à tous les usages domestiques.

Les deux classes du groupe 129 sont affectées : l'une à l'éclairage par arc, l'autre à l'éclairage par lampes à incandescence.

Le chauffage par l'électricité rentre dans le groupe 150.

L'électro-chimie, l'électro-métallurgie, occupent le groupe 131 dans lequel figurent des spécimens d'électrotypie, de galvano plastie, etc.

Les deux classes du groupe 132 sont réservées aux modes et appareils destinés à réaliser le forgeage et la soudure électriques.

Le Groupe 133 comprend toute l'exposition de la télégraphie et des signaux électriques : avertisseurs, appareils donnant l'alarme, etc.

Le téléphone et le phonographe figurent dans le groupe 134, ainsi que tous les détails nécessaires pour monter une installation téléphonique.

Le Groupe 135 comprend les applications diverses de l'électricité à la médecine et à la chirurgie, ainsi qu'à l'exécution des hautes œuvres de justice.

Dans le groupe 136 figurent les appareils pour la mise de feu des charges d'explosifs, pour le réglage du chauffage, les plumes électriques et les applications de l'électricité à la photographie. Le groupe 137 est divisé en deux classes qui comprennent les ouvrages, publications et statistiques relatifs à l'électricité.

4

Les progrès et le développement de la Science électrique, en tant que Science pratique, font l'objet du dernier groupe de cette section.

Sans revenir sur les génératrices d'éclairage ou de transport de force exposées dans le Palais des Machines et sur lesquelles nous avons déjà jeté un coup d'œil rapide, on peut citer les moteurs Perret avec leurs collecteurs spéciaux. Un de ces moteurs commande un appareil de levage, d'autres commandent des pompes et sont disposés de telle façon que l'arrêt et la mise en marche se fassent automatiquement suivant le niveau de l'eau dans les réservoirs. Les nombreux moteurs Westing‑house et les appareils de mine et d'épuisement de la General Electric Company (créée par la fusion des Sociétés Edison, Thomson-Houston et autres de moindre importance) sont des plus remarquables. A citer aussi de nombreux échantillons de trucks et de cars pour le transport électrique, notamment ceux de la Compagnie Westinghouse, le truck radial de la Robinson Electric Company de Boston, et le truck égalisateur de la Sheffield Car Company (Three-Rivers, Michigan).

Les appareils pour la production de la lumière électique sont nombreux. Il faut citer, entre autres installations remarquables, celle de le General Electric Company qui a élevé au centre du Palais une tour lumineuse de grandes dimensions, celle de la Fort-Wayne Electric Company de Fort-Wayne (Indiana) qui alimente 96 lampes à arc de 2.000 bougies, et celle de la Western Electric Company qui a trait spécialement à l'éclairage des navires, à l'alimentation des projecteurs puissants placés au haut des mâts et à la distribution des signaux dans toutes les parties du navire.

Dans ce groupe de produits l'une des parties les plus intéressantes est celle du service des phares. On y remarque surtout le nouveau système de feux tournants construits par la maison française Barbier et Cie et reposant sur un flotteur à mercure, ce qui n'exige pour leur déplacement qu'une puissance très réduite. Dans la section des téléphones, le pavillon de l'American Bell Telephone Company mérite une mention spéciale, car il montre toute une station centrale téléphonique aux États-Unis.

A citer dans la section du chauffage la remarquable installation de chauffage à l'électricité par le procédé Burton. Cette installation, faite par l'Electrical Forging Company, se compose de trois moteurs électriques dont deux de 100 chevaux et un de 40 chevaux. Ce dernier sert à la mise en marche des machines; les deux autres font marcher chacun un alternateur de 85 chevaux dont le courant passe dans l'appareil de chauffage. Le chauffage des pièces métalliques se propage du centre à la circonférence et la fusion commence au centre.

L'Exposition Française se distingue entre les autres par le four électrique imaginé par M. Moissan pour la fabrication du diamant, par le système de télégraphie imaginé par M. Mercadier et permettant d'envoyer par une seule ligne dans un sens ou dans l'autre douze dépêches à la fois; enfin par une collection de machines Gramme, de batteries secondaires type Planté, d'enregistreurs Richard, et d'appareils de précision construits par Carpentier, Bréguet, Dumoulin-Froment, etc.

Palais des Beaux-Arts.

Le Palais des Beaux-Arts est dû à M. Burnham. C'est un bâtiment long et rectangulaire, du style Ionique, flanqué de deux annexes et divisé en quatre parties.

Les objets qui sont exposés dans le bâtiment principal et dans ses annexes rentrent dans la section K du classement officiel qui est divisé en huit groupes :

Groupe 139 : Sculpture : Statues, Bas-reliefs. — Groupe 140 : Peinture à l'huile. — Groupe 141 : Aquarelle. — Groupe 142 : Peinture sur ivoire, sur émail, sur métal, sur porcelaine, Fresques. — Groupe 143 : Gravure, Eau-forte. — Groupe 144 : Fusains, Pastels, Dessins. — Groupe 145 : Gravures anciennes et modernes, Médaillons, Gravures sur pierres fines. — Groupe 146 : Collections privées.

C'est la France qui a le plus contribué au succès de cette partie de l'Exposition, tant par le nombre considérable des œuvres d'art qu'elle a envoyées à Chicago que par la valeur de chacune de ces œuvres.

Dans la sculpture, on peut citer : Falguière, Fremiet, Bartholdi ; dans la peinture : Benjamin Constant, Bouguereau, Breton, Carolus Duran, Bonnat, Henner, Jean-Paul Laurens, Madeleine Lemaire, etc. ; dans l'aquarelle : Allongé, etc...

L'Exposition rétrospective d'Architecture et de Sculpture françaises depuis le Onzième siècle jusqu'à nos jours, est des plus intéressantes. La France occupe d'ailleurs l'annexe Est du Palais, sans compter la place considérable qui lui est réservée dans le Palais même.

L'Exposition Allemande renferme les œuvres intéressantes de Lembach, de Schüler, de Harburger, de Seiler et de Karl Ludwig.

L'Exposition Américaine se compose des œuvres de Sargent, de Whistler, de Sprague, Pearce, de Simmons et de Tryon.

A remarquer les Huber Herkommer de la section Anglaise et les panneaux, sculptures et bronzes du Japon.

Dans la Section Américaine sont exposés une série de chefs-d'œuvre provenant de peintres Français : des Rosa Bonheur, des Corot, Detaille, Millet, Meissonnier, Ingres, Greuze et Géricault.

Palais des Femmes.

L'exposition des Arts de la Femme se trouve en grande partie dans le Palais des Arts et Manufactures ; mais son importance a exigé la création d'un palais spécial dû à Mlle Sophie B. Hayden de Boston. La surveillance générale en est confiée à MM. Potter Palmer.

Le Palais renferme une série de salles de réunion, de parloirs et d'amphithéâtres.

Une bibliothèque spéciale est réservée aux livres écrits par des femmes. Des modèles d'hôpitaux, d'asiles et de crèches dirigés par des femmes sont exposés, ainsi qu'une École de cuisine.

La reine d'Angleterre a envoyé une série de tapisseries du château de Windsor, la princesse de Galles et ses filles, des ouvrages faits de leurs propres mains.

La collection Française est des plus remarquables avec ses vases de Sèvres et ses tableaux de Mme Madeleine Lemaire et Demont-Breton.

L'Espagne a envoyé une série d'œuvres artistiques et littéraires de très grand intérêt.

4*

Palais du Gouvernement des États-Unis.

Le Palais du Gouvernement des États-Unis est réservé aux expositions des divers départements et ministères que nous allons passer rapidement en revue.

DÉPARTEMENT DE L'AGRICULTURE. — Ce département comprend outre les divers types d'animaux et de végétaux existant aux États-Unis, des méthodes d'assainissement et d'irrigation de terrains, des installations de chimie, d'observations microscopiques, des bureaux de statistique, des stations sanitaires, etc.

TRÉSORERIE ET FINANCES. — Ce département a exposé des plans en relief très détaillés du sol et des côtes, des appareils de nivellement et de mesure, des types de phares, bateaux de sauvetage, lazarets, procédés de désinfection, ainsi qu'une collection intéressante des principaux bâtiments des États-Unis.'

SERVICE DES POSTES. — Ce service comprend une installation complète de service postal, des collections curieuses de timbres anciens et modernes, ainsi qu'un service postal par voie ferrée.

DÉPARTEMENT DE LA JUSTICE. — Ce département ne renferme guère que des documents historiques.

DÉPARTEMENT DE L'INTÉRIEUR. — On y remarque des coupes intéressantes du territoire des États-Unis, une section spécialement affectée aux États Indiens de l'Amérique du Nord, l'exposition du Bureau des Brevets avec de nombreux modèles, la Section de l'Enseignement avec des types d'écoles et des procédés d'éducation, et le Bureau général du Recensement.

DÉPARTEMENT DES CHARTES ET ARCHIVES. — Tous les documents publics anciens et modernes sont exposés dans cette Section.

DÉPARTEMENT DE LA GUERRE. — Ce département comprend : la section des ingénieurs et des techniciens avec ses modèles de forts, de ports et ponts militaires, de travaux pour la défense des côtes et des places ; la section de l'Artillerie avec ses modèles de petite et grosse artillerie, canons pneumatiques, télémètres, appareils de mesure et d'essai, ainsi qu'une collection d'armes anciennes : le Service de l'État-Major et de l'Intendance, avec ses uniformes et drapeaux, et ses bureaux ; le Service médical avec ses hôpitaux, ses moyens de transport pour les malades et les blessés ; ses Ambulances, ses appareils de toutes sortes ; le Service des signaux, avec ses ballons captifs ; ses Téléphones, Télégraphes, Stations de signaux, etc.

DÉPARTEMENT DE LA MARINE. — C'est à ce Département qu'appartient la reproduction en briques et matériaux de construction, du navire de guerre *Illinois*, de la marine des États-Unis. Ce modèle, qui est la copie fidèle de l'original, a été construit dans les eaux mêmes du lac Michigan, près d'une petite jetée, au Nord de la partie de l'Exposition réservée aux grands bâtiments.

INSTITUT SMITHSON. — Les œuvres de cet Institut pendant quarante-sept ans, l'histoire de ses recherches et de ses progrès en Amérique, sont exposées dans cette section.

MUSÉE NATIONAL. — On y remarque des produits qui se rapportent à l'histoire naturelle, à la minéralogie, à l'anthropologie, aux modes de transport et de construction ethnologique.

DÉPARTEMENT DES PÊCHERIES. — Dans ce département est

exposé tout ce qui a trait à la pêche et à l'élevage du poisson,
ainsi qu'aux modes de transport et aux industries qui ont pour
objet la conservation des produits retirés des eaux fluviales et
de la mer.

Pavillons des divers Etats de l'Union de l'Amérique du Nord

Le plus important de ces pavillons, tant au point de vue de
la grandeur et du caractère de son architecture, qu'au point de
vue de la valeur des produits exposés, est celui de l'État d'Illinois.
Des souvenirs et trophées, les ressources naturelles du pays, les
produits concernant l'agriculture, la géologie, la botanique,
les monuments publics, les institutions charitables, les écoles et
les universités de l'Illinois y sont largement représentés.

La Californie, ses fruits et ses méthodes de culture sont
représentés dans un bâtiment qui est la reproduction de l'une
des anciennes missions espagnoles fondées par le Père Junipeno
Serra.

Le bâtiment de l'État du Colorado est en granit et marbre
du pays. Le pavillon de la Floride est la reproduction du
fameux fort Saint-Augustin, fondé par les Espagnols en 1665.

Le pavillon de l'État d'Utah est en sel.

Le bâtiment de la Pensylvanie est, après celui de l'Illinois,
le plus considérable. Il rappelle les lignes générales du Hall
de l'Indépendance de Philadelphie, surtout la Tour hippique
et sa cloche, qui annonça la fin de la domination anglaise aux
Etats-Unis et la naissance de la nouvelle République.

Pavillons des Nations étrangères.

Le Pavillon français, œuvre de MM. Motte et Dubuisson, renferme une reproduction du salon d'Apollon du château de Versailles où fut signé le traité de 1778 reconnaissant l'indépendance des États-Unis, une série de souvenirs et de présents reçus par Lafayette lors de ses voyages en Amérique, l'Expotion spéciale de la Ville de Paris et les bureaux de la Commission française.

Le Pavillon allemand reproduit une riche maison bourgeoise du moyen-âge; le Pavillon anglais une gracieuse maison de campagne. Tous ces pavillons, de même que l'isba russe, le chalet mexicain et autres, renferment des produits et des décorations des pays qu'ils représentent, et complètent ainsi les expositions dans les grands Palais des différentes nations.

Pavillons divers.

Parmi les constructions, élevées sur les terrains de Jackson-Park : pavillons des cuirs, kiosques, restaurants de formes bizarres, l'un des plus intéressants est la reproduction du vieux couvent de la Rabida où Christophe Colomb dormit la veille du 3 août 1492, jour où il fit voile pour la terre encore inconnue de l'Amérique. Tous les souvenirs des voyages de Colomb et de son existence aventureuse sont réunis là, entre autres le modèle exact de la caravelle *Santa-Maria* sur laquelle il s'embarqua de Palos pour son premier voyage, et une collection de gravures, portraits, sculptures remontant à la même époque.

Avenue de Midway-Plaisance.

Parmi les expositions les plus intéressantes au point de vue artistique et scientifique qui s'entassent dans la grande avènue de Midway-Plaisance, il faut signaler :

Une fabrique de verres de Bohême ; Une exposition de produits provenant du Dahomey, des îles océaniennes et de l'Inde orientale, de Java et du Japon ; La reproduction d'une maison de Pompéi, un village allemand et enfin la grande roue Ferris de 76 mètres de diamètre pouvant porter 36 voitures articulées contenant chacune 40 voyageurs ; l'ensemble pesant 1.200 tonnes tourne autour d'un arbre ayant 81 centimètres de diamètre, 14 mètres de longueur et reposant sur deux pylones métalliques de plus de 42 mètres de hauteur.

PREMIÈRE PARTIE

ARCHITECTURE

L'ARCHITECTURE

A L'EXPOSITION DE CHICAGO

L'Exposition Colombienne, dont l'idée remonte à l'année 1876, fut décidée le 9 avril 1890 et le 25 du même mois, le Congrès votait le bill décernant à Chicago l'honneur de cette grande entreprise.

Le 1er juin suivant, Jackson-Park et le lac Michigan, en face de Chicago, furent choisis comme emplacement de l'Exposition. Le 20 août, MM. F.-L. Olmstead et Cⁱᵉ étaient nommés architectes-conseils des parcs et jardins. Entre cette époque et le mois de décembre suivant, l'organisation du département de la construction était achevée par la nomination de M. D.-J. Burnham comme chef et de M. J.-W. Root comme architecte consultant. M. Burnham ayant déjà pris une part active à la préparation de l'entreprise, c'est à sa sagacité, à son énergie, à la largeur de ses vues ainsi qu'à sa grande expérience en architecture, que la Commission de Chicago est redevable, en grande partie, de la somme de travail effectif qui y a été intelligemment développée. Sous sa puissante impulsion, l'organisation de l'administration des parcs et constructions fut habilement établie.

C'est au Comité des Parcs et Constructions, aidé des conseils des experts désignés, qu'incomba l'examen de cette importante question du choix d'un emplacement. Il fallait découvrir dans l'intérieur de Chicago ou dans son voisinage immédiat, une surface de terrain capable de contenir facilement des constructions qui, dans leur ensemble, seraient au moins de 50 % plus étendues que celles de la dernière Exposition de Paris; elles devaient être facilement et économiquement accessibles aux visiteurs et au matériel à exposer, non divisées par des chemins de fer, rues, cours d'eau; enfin la surface choisie ne devait pas être encombrée par des maisons ou autres constructions, qui auraient rendu difficile son acquisition et son aménagement en vue de l'édification des bâtiments de l'Exposition.

Les quelques emplacements répondant à ces conditions étaient tous plats, bas, et d'un aspect aussi peu satisfaisant que peu pittoresque. Dans un rayon de plusieurs milles autour de la ville, le seul endroit vaste, agréable et offrant des éléments dignes de la mise en scène d'une grande Exposition, se trouvait être sur les bords du lac Michigan. Un seul emplacement sur ses rives remplissait les conditions désirées. C'était un espace de deux cents hectares, situé à six kilomètres au Sud de la partie centrale de la ville, occupant une longueur de deux kilomètres et demi sur les rives du lac et ayant une largeur de douze cents mètres, soit environ quatre fois la superficie de notre Exposition Universelle de 1889.

Le terrain était constitué par une série de dunes de sable que les eaux avaient successivement rejetées en lignes presque parallèles à la rive : les plus considérables d'entre elles n'ayant pas une hauteur moyenne de plus de deux mètres au-dessus des hautes eaux du lac. Entre ces dunes étaient placés de vastes bas-fonds marécageux, sujets à des inondations accidentelles et où l'on trouvait généralement l'eau stagnante à un ou deux pieds au-dessous de la surface. Quelques-unes des dunes étaient garnies de bouquets de chênes rabougris, et les bas-fonds intermédiaires étaient quelque peu recouverts de joncs et d'herbes aquatiques.

Ce terrain appartenait à la Commission du Parc-Sud qui l'avait acquis, vingt ans auparavant, en vue de sa transformation en un parc public. En réalité, il était encore en friche, ainsi que nous l'avons déjà dit, à l'exception d'une bande de terrain à son extrémité Nord, qui avait été nivelée, plantée, transformée par des étangs et rendue accessible au moyen d'avenues et de promenades.

Les désavantages de cet emplacement étaient évidents ; mais on considéra que l'inconvénient résultant de son éloignement avec les parties populeuses de la cité était compensé, d'autre part, par les avantages suivants :

1° le terrain était absolument nu ;

2° il pouvait être rendu facilement accessible, soit par un service de bateaux sur le lac, soit par des moyens de transports publics de différentes sortes, sans qu'il y eut besoin de créer des lignes de chemin de fer ou de construire beaucoup de ponts ou de viaducs.

3° Un grand nombre de voies ferrées passaient dans un rayon de quelques centaines de mètres autour des limites du terrain, en se dirigeant, d'un côté, vers le cœur de la cité ; de l'autre côté, elles étaient reliées ou pouvaient l'être facilement, avec les lignes de toutes les parties du continent.

A la vérité, l'aspect de ce désert inculte présentait bien des obstacles à la réalisation des splendeurs horticulturales des parcs et jardins, qui avaient caractérisé les précédentes expositions internationales.

L'imagination des architectes-paysagistes perçut cependant la possibilité de tirer, de ces éléments ingrats, des effets tout à fait extraordinaires et d'un caractère entièrement approprié.

La vaste étendue du grand lac intérieur lui-même, avec sa surface continuellement changeante et son horizon océanique ; ses eaux couvertes de voiles et animées par le mouvement incessant des steamers et navires de différentes sortes, au-dessous d'un ciel sans limites, donnerait à la mise en scène un caractère particulièrement nouveau. Sous cette influence, le visiteur pourrait oublier les parcs touffus et ombragés qu'on ne pouvait obtenir ici.

Les dragues à vapeur et appareils de nivellement pouvaient, promptement et à peu de frais, agrandir la surface des hautes terres, créer des plateaux et d'imposantes terrasses pour asseoir les grands palais de l'Exposition, pendant que des excavateurs transformeraient les intervalles marécageux en un système de lagunes reliées avec le lac par des canaux et des bassins.

On pourrait créer ainsi un système de canaux intérieurs d'une longueur de six kilomètres qui seraient sillonnés par des bateaux-omnibus, transportant les visiteurs de chaque partie du parc aux débarcadères placés devant chacun des principaux bâtiments.

Ces considérations amenèrent les architectes-paysagistes à recommander, au Comité des Parcs et Constructions, l'adoption des terrains connus sous le nom de Jackson-Park.

Après bien des négociations avec la Commission du Parc Sud, et de nombreuses controverses avec les partisans d'autres emplacements, les terrains précédents furent finalement concédés sous la condition qu'après l'exposition et l'enlèvement des bâtiments, ils seraient laissés dans des dispositions propres à former un parc public permanent pour toute la cité.

Une série de plans ingénieux fut alors préparée et présentée au Comité par les auteurs.

Les considérations qui devaient guider les architectes pour l'établissement d'un plan d'ensemble étaient nombreuses et diverses, nous pouvons citer les suivantes :

Trouver une telle disposition des principaux Palais, que le meilleur parti possible fût tiré des conditions naturelles du terrain, modifié cependant et corrigé par l'habileté dès architectes-paysagistes.

Donner à tous ces bâtiments des moyens de communication propres et distincts, les reliant l'un à l'autre ainsi qu'au système de canaux du Parc.

Ordonnancer ces Palais aux points où leurs grandes dimensions et leur proximité mutuelle s'imposait.

Profiter d'un groupement de Palais, pour en faire ressortir une architecture majestueuse, ou au contraire, pour leur conserver un caractère pittoresque et accidentel là où les conditions du paysage étaient telles, qu'elles semblaient interdire une stricte observation de types classiques.

Toutes ces dispositions étaient subordonnées à la situation particulière fournie par la vaste étendue de l'emplacement et l'horizon fuyant du lac.

Une autre condition essentielle affectant les dispositions générales du plan était relative aux moyens de communication; il fallait desservir le parc par les sept chemins de fer, ainsi que débarquer et embarquer soixante-mille personnes par heure sans la moindre confusion, et cela en un point tel, que chaque visiteur, à son entrée dans l'enceinte de l'Exposition, soit frappé à l'instant par un spectacle grandiose et splendide; surprenant à la fois par l'ordonnance de son architecture et de ses éléments naturels.

Il était également nécessaire d'examiner les moyens de transport par tramways et par eau : ces derniers nécessitant la construction de môles et de ports, sur les rives du lac, ainsi que la création de voies de communication intérieures sous forme de tramways aériens.

Aucune de ces difficultés n'était insurmontable ; la plus grande d'entre-elles était incontestablement la transformation en jardins d'une étendue de terrain qui avait été, jusque là, inculte.

Les points spéciaux qui devaient recevoir les grandes constructions monumentales de l'Exposition devaient être rehaussés par des terrasses avec balustrades décoratives, des statues, des fontaines, lacs, ruisseaux, ponts, passerelles.

Cet ensemble architectural et sculptural serait disposé au milieu d'une végétation pittoresque et vive.

Contrairement à l'aspect des précédents emplacements d'expositions, placés au cœur des anciennes civilisations, les prairies de l'Illinois n'offraient aucune de ces réserves princières d'arbres et de plantations, au moyen desquelles les capitales de l'Europe peuvent transformer, en peu de temps, un emplacement d'exposition.

Le climat de cette partie de l'Amérique est peu propice, en effet, à la végétation.

Quand la glace épaisse qui se forme pendant l'hiver sur le lac Michigan vient à se disloquer, elle est poussée par le vent dominant du Nord vers Chicago, elle y séjourne et retarde l'ouverture du printemps.

A cette époque et pendant que les premières feuilles se développent, une brise de nuit venant du Canada balaye cette étendue d'eau glacée de huit cents kilomètres, aussi toute espèce de végétation poussant sur la rive méridionale du lac est-elle complètement détruite. De plus, les fluctuations des eaux du lac, non-seulement celles de chaque jour, mais encore celles de son niveau normal et moyen durant l'été, ont pour effet de créer des rives tristes et nues.

On décida que les malingres et chétifs bouquets d'arbres existants seraient masqués par une plantation d'arbustes indigènes au pourtour du lac, de façon à produire à distance l'illusion d'une masse compacte de feuillage; on décida, encore, que l'on borderait les rives au moyen de roseaux et de plantes aquatiques qui supporteraient les submersions accidentelles du lac et que le terrain en arrière serait garni avec des arbustes: notamment avec des saules et une végétation de fleurs indigènes. Des pelouses bien entretenues seraient disposées partout où il serait nécessaire de rehausser l'aspect sauvage du terrain.

Au début, le Comité des Parcs et Constructions, de concert avec Monsieur Burnham, chef de la construction, eut à s'occuper d'une question délicate. Comment les plans de ces grands édifices seraient-ils établis ? Nommerait-on un architecte pour l'ensemble ou un architecte pour chaque palais ? Ces architectes seraient-ils désignés par un concours général, un concours limité ou par choix direct? Après un examen minutieux de la question, il fut résolu par le Comité, d'accord avec les considérations contenues dans un rapport présenté par les architectes-conseils, de donner autant que possible à la partie architecturale de l'Exposition un caractère national, en faisant un choix direct d'architectes; on évitait ainsi les délais et embarras qui auraient accompagné inévitablement toute autre forme de nomination.

En même temps, on engageait ces artistes et constructeurs de talent, à considérer les questions architecturales de l'Exposition, dans leur ensemble, efficacement, par une harmonieuse coopération.

Le 12 juin 1891, les architectes désignés, MM. R.-M. Hunt, George B. Post, Mak Kim, Mead et White de New-York ; Peabody et Stearms de Boston, Van Brunt et Howe de Kansas City, ainsi que MM. Adler et Sullivann, S.-S. Beman, Henry Ives Cobb, W.-L.-B. Jenney, Burling et Whitehouse de Chicago, furent appelés à conférer avec le chef de la construction, l'architecte-consultant, M. Frederick Law Olmstead et son adjoint, M. Henry Sargent Codman de Boston, sur les considérations architecturales impliquées dans le plan général de l'Exposition.

Les plans établis par l'architecte-conseil et par les architectes-paysagistes, plans qui, dans leur ensemble, avaient été approuvés déjà par la Commission Nationale et par les Directeurs de Chicago, furent soumis à l'examen de cette réunion d'architectes. Après une discussion minutieuse du plan d'ensemble au cours de laquelle beaucoup de modifications plus ou moins fondamentales furent suggérées, il fut décidé de proposer au Comité des Parcs et Constructions, l'adoption du plan général, tel qu'il avait été établi par MM. Root, Olmstead et Codman, sauf quelques changements. En fait, le problème avait été traité par ces ingénieurs avec habileté et avec une exacte prévision de toutes les conditions embrassées et nécessitées par cette grande entreprise.

La planche 1-2 nous montre à vol d'oiseau l'aspect général de l'Exposition de Chicago.

Les planches 3-4, 5-6 représentent une série de vues photographiques de l'Exposition Universelle de Chicago.

La planche 7-8-9-10 nous indique en plan les dispositions d'ensemble adoptées.

On remarquera que le plan comporte trois grandes divisions.

La partie Nord, déjà transformée en parc par la Ville, est occupée au centre par le département des Beaux-Arts.

Les pavillons des États sont groupés sur les côtés Nord et Ouest; les pavillons étrangers étant placés partie à l'Est et partie dans « Midway Plaisance », grand terrain réservé de deux cents mètres de large entre les rues 59 et 60, formant avenue aboutissant à l'Ouest de Jackson-Park.

Sur cet emplacement sont réservées des concessions aux diverses entreprises et exploitations, telles que: villages, groupes de pavillons montrant les caractères de la vie domestique et industrielle de divers pays, établissements forains, divertissements analogues à ceux que l'on rencontrait dans la rue du Caire de l'Exposition de Paris en 1889.

La partie centrale est formée par les lagunes, caractéristique du paysage : c'est un cours d'eau artificiel serpentant dans cette partie de terrain autour d'îles qui en émergent.

La plus grande de ces îles a environ 560 mètres de longueur sur 70 à 160 mètres de largeur. Ses rives sont bordées de plantes aquatiques et rehaussées de corbeilles de fleurs avec kiosques et pavillons rustiques à l'approche des ponts.

Une partie de l'extrémité Nord de cette île a été réservée et concédée au Japon qui y a établi un jardin conforme aux anciennes traditions de l'Art Japonais, et qui l'a embellie par des reproductions exactes de plusieurs de ses temples les plus vénérables.

Les autres rives des lagunes sont occupées par le Palais des Transports, par le Palais de l'Horticulture et ses jardins et par le Palais des

Femmes ; à l'Est, vers le lac, s'élève le Palais des Manufactures, celui des Arts Libéraux et les Pavillons des États-Unis.

Baignés par la partie des lagunes capricieusement dirigées vers l'Est, nous trouvons le Palais des Beaux-Arts, le Palais de l'État de l'Illinois, les Palais des Pêcheries et du Gouvernement des États-Unis. Vers le Sud, le quadrilatère courbe irrégulier, est fermé par les façades Nord des Palais des Mines et de l'Électricité.

Les lagunes se relient au Sud avec un système de canaux et bassins, symétriquement placés par rapport à la grande place, ou cour d'honneur de l'Exposition. Cette place est un rectangle régulier de 650 mètres de longueur sur 230 mètres environ de largeur ; elle est sensiblement égale à celle de la dernière Exposition de Paris où les fontaines lumineuses étaient placées.

Les communications par eau sont installées à l'extrémité Est de cette cour, et le système de voies de chemins de fer débouche à l'extrémité Ouest dans une gare terminus, masquée par le Palais de l'Administration qui offre l'aspect d'une porte monumentale surmontée d'un dôme. De la gare terminus, les visiteurs peuvent passer sous les grandes baies plein-cintre de ce portail.

A droite du Palais de l'Administration nous trouvons le Palais des Machines et celui de l'Agriculture ; à gauche ceux des Mines, de l'Électricité et celui des Manufactures et Arts Libéraux, placé directement en face le lac Michigan.

Le centre de la cour est occupé par un grand bassin artificiel qui forme une partie du système hydraulique de l'Exposition. Relié avec ce bassin, un large canal bordé par des terrasses doubles et traversé par divers ponts, coule vers le Sud dans une petite place séparant le Palais de l'Agriculture de celui des Machines.

Cette cour est fermée au Sud par une colonnade dont la partie centrale est caractérisée par un arc de triomphe, sous lequel passent les visiteurs pour atteindre le département de l'Alimentation qui limite l'Exposition vers le Sud.

Un canal symétrique au précédent et de dimensions analogues est placé sur le même axe et coule entre le Palais de l'Électricité et celui des Arts Libéraux ; il communique comme nous l'avons déjà vu avec les lagunes.

Cette description, accompagnée des vues photographiques que nous présentons, peut donner, dans ses grandes lignes, une idée du plan général de l'Exposition.

CONSIDÉRATIONS ARTISTIQUES SUR LES PALAIS DE L'EXPOSITION

Les Palais de l'Exposition de Chicago sont plus grands en surface qu'aucun de ceux des Expositions qui l'ont précédée. Ils surpassent, à cet égard, les Palais des Empereurs Romains et les Thermes de l'ancienne Rome ; ils donnent l'image d'un spectacle unique. Leurs nefs sont disposées suivant des conceptions logiques et en vue d'abriter des Expositions spéciales en rapport avec les besoins modernes. Les charpentes de ces immenses constructions, partie en acier, partie en bois, sont masquées à l'extérieur sous un revêtement décoratif en plâtre et staff dissimulant ainsi leur sévère structure.

Ce procédé décoratif rappelle celui des Romains qui recouvraient leurs grossières maçonneries de marbres, de bronzes et de sculptures.

M. Burnham, Directeur de la construction, à qui revient le mérite de l'ordonnance générale de l'Exposition, obtint, en quelques mois, ce résultat sans précédent, d'une apparition soudaine, dans Jackson-Park, de palais, de dômes, de pavillons et de tourelles qui devaient disparaître bientôt et ne laisser aucune trace.

Ces vastes formes architecturales n'apparurent pas, si vivement, sans avoir été l'objet préalable d'études assidues. Il y eut une rare énergie déployée dans cette étude qui fut suivie d'une création non moins rapide des constructions.

Entre les projets primitifs présentés et la réalisation actuelle des palais il y eut place à la discussion. Les architectes de talent, composant le Conseil, comprirent que cette grande manifestation architecturale exigeait tout leur zèle, leur travail, leur intelligence et leur expérience professionnelle comme s'il se fut agi de construire des monuments durables, tout en pierre ou en marbre.

L'entente du Gouvernement avec les architectes de Chicago et leurs confrères des autres États a été des plus généreuses. A ces derniers, il fut assigné toutes les constructions autour de la cour d'honneur. Cette faveur entrainait des responsabilités qu'on ne pouvait mieux reconnaître qu'en produisant un effort capable de la justifier.

Ces palais avaient une mutuelle dépendance plus marquée que les autres palais de l'Exposition, aussi l'ordonnance de cette grande cour réclamait-elle absolument une harmonie parfaite des constructions qui l'entouraient.

Les architectes comprirent que, pour réaliser cette harmonie, ils devaient choisir non seulement un style uniforme, mais encore adopter un module unique dans leurs dimensions.

Il n'eut pas été difficile d'adapter, à ces Palais, les formes classiques, tout y en introduisant certaines variations suggérées par le style fleuri de la Renaissance. On décida de s'en tenir aux formes exclusivement antiques dont le caractère pourrait varier, dans chaque cas, suivant les idées personnelles de l'architecte, et suivant les conditions pratiques imposées. Ce style classique devait être représenté avec la plus grande apparence de luxe et de grandeur, au milieu d'un décor d'une magnificence sans précédent. Ce goût strict de l'antique devait offrir un contraste salutaire à la tendance qu'a la nation américaine, d'accepter toutes les formes nouvelles.

Le Nouveau Monde possède beaucoup d'architectes inhabiles et sans grande expérience, pratiquant malgré tout, et abusant de procédés décoratifs impurs. Beaucoup n'ont jamais contemplé un monument classique exécuté à son échelle, et ignorent les émotions que ces monuments peuvent produire dans une âme accessible aux influences de l'art. Aussi, les architectes de talent du Palais de la cour d'honneur, inspirés qu'ils étaient par un profond respect des maitres de l'art antique, espéraient-ils que ces grands monuments deviendraient, pour beaucoup de leurs collègues, une telle révélation, qu'ils comprendraient que la véritable architecture ne peut être basée sur une invention fantaisiste, une originalité capricieuse ou une audacieuse ignorance.

Il avait été également décidé, entre les architectes, que le module admis dans la composition de leurs façades n'excéderait pas 7^m,62 en largeur: cette dimension représentant le maximum de largeur des travées des différents palais. Quant à la hauteur on ne devait pas avoir plus de 18^m,29 à la corniche principale; dimension représentant environ la hauteur d'une maison à cinq étages.

A tous autres égards, chaque architecte guidé cependant par les critiques de ses collègues était libre suivant ses convictions personnelles, et dans les limites de la surface qui lui était imposée, de dresser le projet d'ensemble de la construction dont il était chargé ainsi que de choisir les détails de l'expression architecturale qu'il voulait obtenir.

Ces projets, ainsi considérés, étaient soumis à l'approbation du comité des parcs.

Étudiés dans ces conditions, les grands palais ont pu donner au visiteur, l'impression de l'unité dans la variété, à une échelle que l'on n'avait jamais atteinte dans les temps modernes.

Toutefois, cet ensemble de palais n'est pas, à vrai dire, de l'architecture, mais plutôt un spectacle scénique architectural, rappelant par son ornementation factice des décors de théâtre. Ces palais de dimensions colossales, ont un degré de pompe apparente et de splendeur tels que, s'ils étaient exécutés en marbre et en bronze, ils rappelleraient l'ère d'Auguste et de Néron.

Les architectes américains firent preuve en cette occasion, d'un rare talent dans l'adaptation de ces immenses carcasses métalliques en palais de l'ancienne Rome.

La moderne Amérique a voulu montrer à la vieille Europe que certains de ses architectes sont habiles et audacieux dans leurs conceptions, qu'ils n'ignorent pas les précédents historiques et que, lorsqu'ils le veulent, ils s'assimilent aisément l'art classique et peuvent s'exprimer dans le véritable langage des traditions de l'Antique.

Les américains n'eurent pas les ressources inépuisables des musées et des serres de Paris pour embellir cette grande manifestation artistique et industrielle, ils n'eurent ni statues ni vases à disposer sur de riches fonds de verdure et de plantes exotiques, malgré cela ils surent tirer parti de toutes les ressources dont ils disposaient et leurs parcs et jardins ne manquaient d'aucun des ornements que l'on rencontre dans l'ancien continent — ils créèrent de toutes pièces ce qui leur était nécessaire.

Les grands ordres dorique, ionique, corinthien et composite, de ces grands palais, avec leurs arcades, portiques, attiques, dômes et campaniles, n'expriment aucunement la structure des constructions auxquels ils sont adaptés; ils servent plutôt de rideau architectural, dont les principales divisions seules sont inspirées par la disposition des charpentes en bois et en fer qu'ils masquent et qui, en elles-mêmes, pourraient difficilement exprimer une dignité monumentale.

Si chaque architecte avait été autorisé ou même encouragé à faire, dans la décoration de ses façades, une libre exhibition, soit de ses connaissances archéologiques, soit de son ingéniosité, nous aurions eu une curieuse et, peut-être, intéressante et instructive confusion de styles. Certains projets eussent pu contenir quelques éléments de ce style américain si original, mais l'ensemble eut été moins imposant; d'ailleurs les architectes de la Commission ne crurent pas devoir faire une telle expérience. Ils leur parut plus prudent, surtout pour l'architecture de la grande cour, de procéder suivant des formules établies.

L'exposition Colombienne afin de présenter un tableau complet de la « Civilisation moderne » ne devait pas seulement montrer les preuves d'une production industrielle surprenante qui, dans le cours du siècle, a effectué une transformation si complète dans les besoins extérieurs de

la vie ; cette exposition devait aussi faire ressortir, avec une égale prééminence, que les instincts artistiques n'ont pas été complètement étouf-
fés par cette prospérité matérielle, que dans cette course furieuse de la
Science et du Progrès, l'Art n'avait pas été complètement oublié.

La Direction de l'Exposition a été bien inspirée en plaçant les applications et produits de la mécanique et de l'agriculture, des manufactures,
des arts libéraux, les étonnants résultats des études scientifiques et les
autres preuves de progrès pratiques à l'intérieur de palais, dont l'aspect
extérieur et l'ordonnance générale communiquent au visiteur une série
d'émotions artistiques totalement différentes des impressions qu'il ressent en parcourant les galeries intérieures.

Par une heureuse coïncidence les architectes des cinq palais de la
cour d'honneur constituaient un groupe d'amis ; ils étaient liés par des
relations personnelles établies entre eux depuis longtemps ainsi que
par d'intimes sympathies professionnelles. M. Hunt était le président
naturel de ce groupe, MM. Post et Van Brunt étaient ses disciples di-
rects, MM. Howe, Peabody et Stearms, élèves des précédents venaient
ensuite ; enfin M. Mac Kim, qui avait grandi sous la même influence académique, était dans les mêmes dispositions d'esprit que ses collègues.
En collaborant dans de telles conditions, ces architectes ne pouvaient manquer de communiquer au résultat de leurs travaux, une partie
de la charmante harmonie qui prévalait dans leurs conseils.

Un coup d'œil jeté sur le plan général, montre que les palais sont
séparés par des bassins, canaux ou avenues suffisamment larges pour
fournir de grandes voies de communication pénétrant jusque dans les
parties les plus éloignées du Parc, isolant, pour ainsi dire, chaque construction, et faisant par suite ressortir ses dispositions caractéristiques,
tout en ne permettant pas cependant de la confondre avec ses voisines.
Ces monuments ne sont d'ailleurs pas suffisamment éloignés l'un de
l'autre pour que leurs relations architecturales mutuelles ne ressortent
clairement.

Ces mutuels rapports, conséquence de l'alignement des édifices ou de la stricte observation du système de lignes d'axe, qui servit de base à la disposition des groupes, donnent ainsi un aspect grandiose à l'ensemble des palais en bordure sur la cour d'honneur de l'Exposition, et font ressortir leur parfaite ordonnance.

Organisation financière de l'Exposition

Les dépenses de l'Exposition se sont élevées à 110 millions de francs, environ.

Cette somme ne comprend pas les dépenses faites par les Gouvernements des États de l'Union ou des pays étrangers ; dépenses qu'on peut évaluer à 40 millions, environ ; ce qui porte le chiffre total à 150 millions.

Si on ajoute à ce dernier chiffre les frais d'aménagement intérieur des palais, frais qui ont été soldés par les différentes nations qui exposèrent ; et si on joint les dépenses faites par les exposants en particulier, on arrive à une dépense totale qui, approximativement, peut être évaluée au triple du chiffre indiqué précédemment.

La somme de 150 millions nécessaire à l'édification des bâtiments de l'Exposition fut puisée à des sources différentes :

1º Au Gouvernement des États-Unis qui a fourni une sommme de 25 millions ;

2º Aux emprunts dont le total atteignit 50 millions environ, et qui furent remboursés par les entrées avec un excédent de 5 millions, environ ;

3º A une série de souscriptions volontaires qui s'est élevée à 50 millions, dont les souscripteurs ne pouvaient d'ailleurs espérer le remboursement.

L'exposition Universelle de Paris en 1889 n'avait coûté que 40 millions ; l'État et la Ville y avaient participé pour 25 millions ; le produit des entrées s'est élevé à 22 millions.

Les entrées à l'Exposition de Chicago ont produit 55 millions de francs.

Si on compare ce dernier chiffre au précédent, on voit que l'Exposition Américaine a été un gros succès. Ce chiffre est un argument décisif et suffisant. Aussi s'explique-t-on mal, en constatant ce résultat, l'hostilité systématique de la presse française envers la grande œuvre américaine.

Le tableau ci-dessous donne les prix de revient des principaux édifices de l'Exposition, ainsi que les surfaces de ces Bâtiments:

PALAIS	SURFACE en ARES	COUT APPROXIMATIF en FRANCS
Administration.	47	2.750.000
Machines et annexes	724	6.000.000
Agriculture et annexes	589	3.100.000
Manufactures et Arts libéraux	1.234	8.500.000
Électricité	205	2.050.000
Mines	209	1.525.000
Transports et annexes	583	1.850.000
Horticulture et annexes	252	1.500.000
Pêcheries et annexes	89	6.225.000
Beaux-Arts et annexes	194	3.350.000
Gouvernement des États-Unis	134	2.000.000
Arts de la Jeunesse	73	690.000
Laiterie	20	150.000
Forêts	101	500.000

Aux évaluations précédentes, il convient d'ajouter les crédits alloués par chacun des territoires des États-Unis, ainsi que ceux des nations étrangères pour leurs pavillons d'exposition.

En outre, d'autres dépenses viennent s'ajouter aux précédentes ci-dessus, elles résultent :

Des terrassements, des travaux de jardinage, de la canalisation des eaux du lac et de l'embellissement de leurs rives, de l'installation des statues, vases, lampes, mâts, sièges, etc., dans le parc, de la construction, des viaducs, des ponts et jetées sur le lac, des canalisations, distributions d'eau et égouts, de l'éclairage électrique, de l'installation du chemin de fer, des frais d'administration, etc.

La Construction à l'Exposition de Chicago

Les Palais de l'Exposition de Chicago considérés au seul point de vue de leur construction, dénotent de la part de la nation américaine une grande expérience : leurs charpentes sont bien conçues et bien étudiées.

Les ossatures métalliques ou mixtes à grandes dimensions de leurs édifices, font ressortir le talent de constructeur de leurs architectes ; toutes les dispositions y sont logiques.

Le Palais des Mines, entre autres, présente dans son ossature des dispositions qui, jusqu'alors, n'avaient pas été pratiquées dans la construction des édifices.

La structure des fermes constituant le bâtiment, a été inspirée de celle des grands ponts métalliques à tablier équilibré sur pile ; les piliers des fermes solidaires de la partie centrale du comble, sont comparables à d'immenses consoles équilibrées.

En outre, toute la partie métallique des fermes est formée de panneaux dont les montants et diagonales sont articulés à leurs extrémités.

De plus, comme les constructeurs américains emploient beaucoup la « statique graphique » pour déterminer les efforts d'extension ou de compression qui agissent dans les membrures et treillis composant leurs constructions, cette réalisation de systèmes articulés, concorde absolument avec les hypothèses adoptées dans les calculs.

Les Palais de l'Administration des Manufactures et Arts Libéraux de dimensions grandioses, ont des structures d'une remarquable légèreté. On a évité dans ces ossatures, les membrures lourdes à âmes pleines et on les remplacées par des âmes évidées en treillis.

Nature des Fondations des Palais de l'Exposition

Nous avons vu précédemment que les terrains de Jackson-Park étaient constitués par une série de dunes de sables et de bas-fonds maré-cageux.

Le niveau du sol non immergé, variait de 15 centimètres à $3^m,35$ au-dessus du niveau du repère de la ville de Chicago, sur une superficie de 120 hectares environ; la hauteur moyenne des dunes ne dépassait pas $1^m,10$ environ.

Les régions Est et Sud étaient les plus basses ; la partie Ouest était la plus élevée.

Les plus basses eaux observées datent de l'année 1847 ; le niveau moyen de l'eau du lac, en 1891, fut de 30 centimètres au-dessus du niveau précédent ; enfin, le niveau des plus hautes eaux observées, depuis les cinquante dernières années, avait été de $1^m,50$ au-dessus du niveau moyen.

En déblayant les parties montueuses, et en draguant les lagunes, on obtint le déblai nécessaire pour remblayer les parties basses, de sorte que le sol, sous les bâtiments, fût à une altitude d'environ $1^m,50$ au-dessus du repère, et le sol, hors des constructions, se trouva élevé à 1^m80. Quant aux terrasses entourant les Palais, et celles en bordure sur le lac, elles furent exhaussées de 3 mètres à $3^m,70$ au-dessus du repère.

Les sondages opérés en divers points du terrain de Jackson-Park, eurent pour résultat de montrer que la constitution géologique du sol, relativement aux couches souterraines qui le composaient, était sensiblement constante et uniforme.

La coupe géologique de l'emplacement réservé aux bâtiments de l'Exposition était la suivante :

1° Une couche de remblais peu épaisse, résultant des travaux d'amélioration du parc ;

2° Un banc de sable variant de 1^m,50 à 2^m,40 d'épaisseur ;

3° Une couche de sable mouvant de 1,50 à 3 mètres ;

4° Une couche d'argile tendre de 1^m,80 à 3 mètres ;

5° Un banc d'argile grise de 1^m,90 à 3 mètres ;

6° Le sol résistant à une profondeur de 8 à 11 mètres.

Des pieux d'épreuve furent battus, les uns à des profondeurs moyennes, les autres à des profondeurs telles, que leurs têtes se trouvaient arrasées au bon sol; ces pilotis furent battus à refus, et, lorsqu'ils ne s'enfoncèrent plus d'une façon appréciable, sous des charges dynamiques importantes, on en conclut la limite de charge qu'il ne conviendrait pas de dépasser.

On expérimenta aussi les fondations sur plates-formes en planches de 76 millimètres d'épaisseur.

Elles furent placées aux différents emplacements réservés aux Palais de l'Exposition, directement sur la couche de sable, puis furent chargées uniformément avec de la ferraille jusqu'à 2 kilogrammes et demi par centimètre carré.

Ces charges disposées graduellement provoquèrent des tassements qui furent notés avec soin.

Pour obtenir une sécurité plus grande, ces charges étaient maintenues pendant plusieurs jours, puis transportées sur une autre plateforme à expérimenter. Sous la charge maximum, les tassements furent très faibles, ils atteignirent à peine dix millimètres, ils furent très uniformes. A la suite de ces premiers tassements, une nouvelle surcharge de 2 kilogrammes et demi par centimètre carré fut disposée, les nouveaux tassements ne furent plus alors appréciables.

Aux points où le terrain était marécageux, les plates-formes placées sur les couches sableuses s'enfoncèrent, de suite, de 30 à 90 centimètres sous une charge de 1 kil. 250 par centimètre carré et continuèrent à baisser les jours suivants.

On convint d'employer pour ces emplacements des pilotis sur lesquels on disposerait des planchers en madriers analogues aux plates-formes précédentes, afin de répartir uniformément la pression.

En résumé, on pensa obtenir une sécurité absolue, même pour des bâtiments permanents, en admettant des charges de 15 tonnes par pilotis et de 12 tonnes par mètre carré de radier en bois.

La planche 11-12 montre les types de fondations des Palais de l'Exposition ; les figures de 1 à 14 indiquent celles sur plate-forme, celles de 15 à 18 représentent celles sur pilotis.

Les fondations sur plate-forme comprennent une série d'étages de madriers mesurant de 20 à 35 centimètres d'équarrissage ; cette série de groupes de madriers de plus en plus espacés, repose sur une plate-forme en planches de 50 à 76 millimètres d'épaisseur.

Quant aux pilotis, ils mesurent de 25 à 30 centimètres de diamètre et sont espacés de 53 à 91 centimètres d'axe en axe. Les têtes de ces pieux sont fixées par des broches en fer à des poutres composant un plancher en gros madriers immédiatement placé au-dessus.

Conditions de réception de la partie métallique

FERS

FER FORGÉ. — Tous les fers forgés devaient être doux, malléables et fibreux ; d'une qualité uniforme pour chaque classe, serrés, sans soufflures, sans crevasses, sans pailles.

Aucun procédé spécial ou disposition de fabrication n'a été exigé : il suffisait que les matériaux remplissent les conditions demandées.

Type d'essai. — La résistance à la torsion, la limite d'élasticité et la ductilité ont été déterminées sur un essai type. L'éprouvette d'expérience ne devait pas avoir moins de 6 millimètres d'épaisseur ; elle devait être prise dans la pleine largeur de la pièce puis pliée ou planée.

FERS PLATS. — Les fers plats d'une largeur de 20 centimètres devaient résister à une tension de 33 kilogrammes par millimètre carré ; la limite d'élasticité ne devait pas être inférieure à 18 kilogrammes par millimètre carré et l'allongement, supérieur à 12 %.

Tous les fers plats au-dessus de 60 centimètres de large devaient résister à une tension de 18 kilogrammes par millimètre carré, ceux de 60 à 90 centimètres de large devaient avoir un allongement inférieur à 10 %.

Les fers plats de $0^m,90$ à $1^m,20$ de large ne devaient pas s'allonger de plus de 8 %.

RIVETS EN FER. — L'effort tranchant sur les rivets ne devait pas excéder 6 kilogrammes par millimètre carré. Tous les rivets en fer devaient être doux et malléables ; une éprouvette de même diamètre que le rivet faite avec la même prise de métal devait pouvoir être pliée à froid jusqu'à ce que les deux côtés puissent être mis en contact, sans donner aucun signe de gerçure sur la partie courbée.

Essais au pliage. — Tous les fers devaient pouvoir être pliés sous un angle de 180° sans donner aucun signe de cassure ; le rayon intérieur de la courbure devrait être égal à l'épaisseur de la pièce.

Pliage à chaud. — Tous les fers plats, les cornières, devaient être pliés à chaud, à angle droit, dans les usines, et devaient pouvoir subir cette épreuve brusquement, sans donner aucun signe de gerçure ou de cassure.

Nombre des essais. — Les échantillons des fers plats ou de plates-bandes devaient pouvoir être pliés à froid sous un angle de 90°, le rayon de courbure intérieur étant égal à la demi-épaisseur de la pièce qui, courbée ainsi, ne devait montrer aucun indice de cassure.

Pour chaque marché, on devait faire quatre essais, plus un par chaque lot de 25.000 kilos de fer demandé en plus. Ces essais devaient être faits gratis par l'entrepreneur. Si d'autres essais étaient demandés une seconde fois ils étaient payés vingt-cinq francs chacun. Enfin si l'entrepreneur demandait de nouveaux essais, ils étaient faits à ses propres frais et sous la surveillance de l'agent de l'Administration.

La qualité des matériaux fut déterminée de la façon suivante d'après les essais :

On fit la moyenne des résultats obtenus par l'essai des échantillons pour chaque lot de barres métalliques. Le lot dans lequel les prises d'échantillons avaient été faites, devait être accepté si les essais donnaient une moyenne convenable ; mais si un échantillon donnait un résultat inférieur de 4 % aux conditions exigées, la barre à laquelle l'échantillon appartenait devait être rejetée et ce résultat entrait dans la moyenne. Si une pièce avait des défauts apparents, tels que : pailles, soufflures, gerçures, elle était mise de côté sans essai. Pour toute barre donnant des résultats de 4 % plus faibles que ceux qui étaient demandés, l'entrepreneur devait fournir, sans aucune indemnité, deux autres barres qui étaient soumises aux expériences.

Si, sur un nombre de dix essais, les deux barres donnaient des ré-sultats inférieurs de 4 % à ceux qui étaient exigés, tout le lot était rejeté.

Ces lots ne devaient cependant pas être supérieurs à 20 tonnes.

Rapidité de la vérification. — Les essais devaient être faits rapide-ment sur les machines à essayer les fers, et la qualité de toutes les pièces, déterminée avant leur sortie de l'usine pour aller au chantier de montage. Toutes les facilités devaient être accordées par l'industriel aux agents procédant à ces vérifications.

Variation de poids. — Une variation de poids dans une pièce lami-née dépassant de 2 1/2 % pouvait en amener le rejet.

ACIERS

Aucun procédé ou moyen spécial de production ne fut exigé pour les aciers, pourvu que les pièces remplissent toutes les conditions im-posées.

Aucun acier ne devait contenir plus de 0,08 à 1 % de phosphore. Par trois lingots de chaque coulée, une barre d'échantillon était prise; elle devait mesurer au moins 0,010 millimètres de diamètre, et avoir une longueur d'au moins douze fois le diamètre. Cet essai était à la charge de l'entrepreneur. Les barres devaient être fondues et refroidies à une température uniforme.

Essai à la tension. — Les barres d'essai examinées devaient avoir une résistance à la tension de 20 kilogrammes par millimètre carré, et une limite d'élasticité d'au moins la moitié de la résistance à la tension. L'allongement devait être supérieur à 24 %, et la diminution de surface à la striction d'au moins 40 %. Pour l'essai de ductilité, l'allongement était mesuré, après la rupture, sur une longueur primitive de dix fois la plus petite dimension de la pièce à essayer.

Nombre de pièces d'essai. — Tous les spécimens demandés par le réceptionnaire, pour juger de la bonne qualité du métal, étaient à la charge de l'industriel, sauf cependant pour les essais à la tension, à l'égard desquels on était convenu d'une moyenne.

Le lot était d'ailleurs accepté, si cette moyenne donnait les résultats obtenus.

RIVETS EN ACIER. — Les rivets en acier devaient pouvoir résister à une tension de 20 kilogrammes par millimètre carré; leur limite d'élasticité, leur allongement et leur réduction de section étaient analogues à celles indiquées précédemment.

FONTE

La fonte devait présenter dans sa cassure un grain gris, serré, régulier et avec arrachements. Elle devait être exempte de gerçures, soufflures, gouttes froides et autres défauts susceptibles d'altérer sa résistance et la netteté de formes des pièces.

Elle devait être à la fois douce et tenace, facile à entamer au burin et à la lime, susceptible d'être refoulée au marteau; elle devait prendre peu de retrait au refroidissement.

Toutes les pièces de fonte devaient être soigneusement moulées sur modèles spéciaux, à la charge de l'entrepreneur; elles étaient, après le moulage, ébarbées avec soin au burin et à la lime.

ACIERS DU PALAIS DES MANUFACTURES

Les aciers de ce Palais présentèrent des conditions sensiblement différentes des aciers précédents.

Ces aciers avaient dû être obtenus par le procédé Bessemer ou Martin Siemens; ils devaient être homogènes, et ne contenir, dans aucun cas, plus de 0,008 de phosphore.

Les aciers de fermes (ceux des rivets exceptés) devaient avoir une résistance, à la rupture comprise, entre 46 et 52 kilogrammes par millimètre carré.

L'allongement, à l'instant de la rupture, devait être au moins de 16 % sur une éprouvette de 25 millimètres, et la diminution de section au moins de 25 % au point de rupture.

La charge limite d'élasticité à l'extension ne devait pas atteindre 26 kilogrammes par millimètre carré.

Les essais de réception devaient être pratiqués à chaque coulée de métal; l'éprouvette conservée devait subir la torsion sans se désagréger; cette épreuve s'opérait sur un mandrin dont le diamètre devait avoir trois fois la demi-épaisseur de l'échantillon.

L'éprouvette, portée ensuite au rouge cerise, puis jetée dans de l'eau marquant 83°, devait pouvoir subir une seconde torsion de 180° sans désagrégation apparente.

L'acier des rivets devait avoir une résistance à la rupture comprise entre 39 kilogrammes et 43 kil. 5 par millimètre carré.

Sur une éprouvette de 20 millimètres de long, l'allongement correspondant à l'extension de rupture devait être au moins 25 %, et la réduction de section d'au moins 50 %.

Les éprouvettes devaient pouvoir être réduites à un tiers de leur épaisseur primitive sans donner signe de désagrégation.

PALAIS DE L'ADMINISTRATION

1° ARCHITECTURE

Le Conseil d'administration de l'Exposition de Chicago avait arrêté, dès 1891, que le bâtiment le plus imposant qui serait élevé à Jackson-Park, serait consacré aux services administratifs. Les plans adoptés furent ceux de M. Hunt, architecte à New-York, et le travail d'édification lui fut confié.

Ce Palais devait occuper l'Ouest de la grande cour d'honneur, et, être placé au point d'intersection de l'axe principal de cette cour, avec un axe transversal dirigé du Nord au Sud, passant entre les départements des Mines et de l'Électricité. Le Palais de l'Administration devait former la composition monumentale la plus caractéristique et la plus importante du parc; il devait, non seulement recevoir les différents services de l'Administration, mais encore son rôle principal devait être de constituer le grand portail de l'Exposition. La surface carrée, réservée à ce Palais, mesurait 80 mètres de côté. Cette surface fut nécessairement divisée en quatre parties égales, par suite de la disposition des deux grandes avenues de la cour d'honneur, se croisant à angle droit, suivant les lignes axiales de la construction projetée.

Les moyens de communication par voies ferrées aboutissant à l'Ouest de ce bâtiment, les visiteurs devaient y entrer nécessairement à l'arrivée. En traversant ce vestibule grandiose, ils subiraient l'influence de son majestueux aspect, et leur première impression devait être d'autant plus favorable que la décoration intérieure était somptueuse.

Toutes ces considérations suggérèrent à M. Hunt, lors de l'établissement de son projet, l'idée d'édifier une sorte de temple civil rappelant certains monuments religieux à coupoles, de la Renaissance.

Suivant ce type, il projeta, à l'intersection des deux lignes axiales de la grande cour, un dôme de forme octogonale; mais à l'encontre des cathédrales, ce dôme fut destiné à former la base fondamentale, le motif unique du projet, tant à l'intérieur qu'à l'extérieur. Aucune nef ni transept ne venaient s'ajouter à l'édifice, de telle sorte que le dôme restait bien le point sur lequel étaient concentrés tous les efforts de l'artiste qui de plus, assurait ainsi à sa conception, l'expression d'unité indispensable à l'obtention des plus nobles effets architecturaux. De l'impression de grandeur à la fois élégante et superbe de ce dôme, devait résulter, non seulement une convenable subordination de détails à l'idée principale, mais encore, une disposition telle, qu'elle communiquerait à l'ensemble un aspect d'absolue stabilité. On fut conduit, pour obtenir cet effet, à étayer ces masses de la construction, et, à en faire émerger le dôme polygonal.

Afin d'arriver à ce résultat, l'architecte entoura la coupole qui mesusait 36^m,57 de diamètre intérieur, d'une carcasse octogonale à une distance d'environ 7^m,31 : l'espace intermédiaire étant occupée par des galeries, ascenseurs, vestibules et escaliers.

Autour de cet octogone, quatre pavillons furent disposés, ils mesuraient 656 mètres carrés, comprenant quatre étages dans lesquels ont été placés les divers services de l'Administration.

Le rez-de-chaussée du pavillon P est réservé aux bureaux du Président de la Commission des Etats-Unis et à ceux du Directeur général. Le pavillon P$_2$ est affecté aux bureaux et poste de la Police ; au service d'incendie et aux agents de la Commission exécutive.

Le pavillon P$_3$ est destiné au public et aux bureaux de la Presse, il contient un restaurant.

Le pavillon P$_4$ renferme le département des Affaires Étrangères, le bureau des informations et le service d'ambulance.

Les étages supérieurs comprennent l'installation des divers comités, une Banque et tous locaux afférents aux services administratifs.

Quoique intérieurement les pavillons d'angle soient divisés en étages, aucun signe de cette division n'apparaît à l'extérieur des constructions.

La façade de chaque pavillon d'angle mesure une hauteur totale d'environ 23 mètres, le style en est grec et d'ordre dorique avec piédestal. Les baies en plein cintre ont leurs archivoltes qui viennent reposer sur de larges pilastres présentant au milieu des colonnes en parties engagées, qui soutiennent l'entablement. Ce dernier fait sur le mur une saillie notable. La frise très haute est décorée de triglyphes, l'architrave au nu de la frise en est séparée par un filet saillant, en dessous duquel des séries de gouttes viennent correspondre aux triglyphes. Les angles sont accusés par de forts pilastres, le dessus de l'entablement se continue

en attique par une construction massive et décorée de moulures analogues à celles du piédestal. Cette partie forme balustrade pour le
promenoir.

Les portes monumentales des quatre côtés cardinaux de l'octogone
sont situées entre les ailes de l'édifice et à leurs extrémités intérieures.

Les pavillons ont les mêmes modules de proportion que les autres
Palais situés sur la grande cour : leur corniche étant à la hauteur unanimement adoptée de 18^m,29 ; au-dessus, les toits de ces pavillons sont
disposés en forme de terrasses.

De ce premier ensemble se détache la carcasse octogonale extérieure
de la masse centrale. Cet étage se termine par une galerie décorée de
flambeaux de bronze.

La structure polygonale émerge de cette partie octogonale, donnant
ainsi un troisième étage de plus petit diamètre.

Ces étages successifs sont couronnés par le dôme central qui atteint
une hauteur de 83^m,90 au-dessus du sol.

L'éclat de cette coupole, enrichie déjà de motifs décoratifs et de panneaux sculptés, est encore rehaussé par la dorure qui la recouvre. Ce
dôme imposant s'élève au-dessus de toutes les autres constructions de
l'Exposition, indiquant ainsi de loin, par son élévation, la situation de
ses assises monumentales.

La surface intérieure de ce dôme se trouverait beaucoup trop élevée
du sol et serait peu accessible aux regards, si elle correspondait à sa
surface externe ; aussi devint-il nécessaire, pour donner des proportions
convenables à l'intérieur du hall, de construire un dôme intérieur moins
élevé, disposé à 57^m,90 du sol. Cette seconde ossature présente, à son
sommet, une ouverture à travers laquelle la structure supérieure apparaît lointaine. Ce procédé architectural a été employé par Mansart
dans le dôme des Invalides, à Paris, et par Soufflot au Panthéon. Il
apparaît aussi dans la grande rotonde du Capitole national de Washington.

Eclairer l'intérieur de ce vaste dôme était un problème si important,
que ce fut une des principales préoccupations de M. Hunt, lors de l'établissement de son projet. Un des meilleurs effets d'éclairage intérieur de
coupole est celui du Panthéon de Rome, dont la surface mesurant 57^m,90
reçoit le jour d'une ouverture circulaire de 7^m,62 de large, au faîte du
dôme, à 42^m,67 du sol. Inspiré par ce majestueux exemple d'hypèthre,

M. Hunt obtint la lumière nécessaire par l'ouverture supérieure de son
dôme ; l'ouverture circulaire la moins élevée mesure 15^m,24 de large, et
est située à 57^m,90 du sol : cette lumière est fournie par une partie
vitrée de 11^m,58 de largeur, formant le sommet de la construction, et
remplaçant les lanternes surélevées qui forment ordinairement le couronnement des dômes de la Renaissance.

En traitant la partie décorative, M. Hunt a fait preuve d'une sage
réserve. Le langage architectural employé est simple et la composition
est exempte de toute complication.

Les divisions architecturales sont accentuées franchement ; elles sont
ainsi faciles à comprendre.

Afin de mettre l'édifice en rapport, relativement à l'adoption d'un
module commun de proportions, avec les autres Palais entourant la
grande cour, les quatre pavillons de l'Administration formant l'étage
inférieur des façades, ont été traités extérieurement de la même façon
avec un ordre particulier élevé sur soubassement.

L'ordre choisi est le Dorique ; on obtient, par le contraste, avec les
ordres des Palais voisins, un effet de dignité sévère, une sorte de calme
colossal, et l'on prépare ainsi l'enrichissement graduel des parties supérieures du monument.

Son second étage est, en effet, d'ordre Ionique, avec une colonnade
ouverte ou loggia disposée sur chacune des quatre faces principales de
l'octogone.

Des dômes circulaires correspondent aux quatre faces secondaires
de cet octogone. Ces dômes sont supportés par des colonnes de même
ordre placées entre de lourds piliers d'angle ; ils sont eux-mêmes surmontés par des groupes de statues.

De cette composition ressort un certain mouvement dans les lignes
générales de l'édifice, qui rehausse l'effet produit.

Les ornements conventionnels de l'extérieur ont été employés avec
réserve ; on compte, pour la richesse du rendu, sur trois groupes colos-
saux de statues surmontant chacun ses pavillons d'Administration. Deux
autres groupes flanquent chacune des entrées principales, huit autres
couronnent les galeries correspondant aux petits dômes.

Ces sculptures sont l'œuvre de M. Karl Bitter, de New-York, elles sont
caractérisées par une grande dignité d'allure, et par une expression
d'héroïque puissance. Elles dénotent une grande habitude de la part de
l'artiste qui traita ces sujets sur une scène aussi colossale, et qui modela

les figures à une échelle convenable, de manière qu'elles contribuassent bien à l'effet architectural, sans entrer toutefois en compétition avec lui.

Dans les groupes qui couronnent les piliers d'angle des quatre ailes formant la partie la plus basse de la construction, les sujets sont au repos et sont massés de telle sorte, qu'ils contribuent convenablement à l'effet monumental, tandis que ceux qui couronnent la galerie supérieure sont plus vigoureusement accentués, et par suite plus intelligibles à cette grande hauteur : ils se distinguent par une plus grande animation des lignes, et une plus grande légèreté dans le mouvement. Cette animation est obtenue au moyen de gestes, d'ailes étendues et d'accessoires divers, formant contraste avec les lignes simples et calmes du dôme à la base duquel ils sont placés.

Les sujets allégoriques de cette succession de groupes représentent, en commençant par les parties basses du monument : « Les progrès de l'humanité, du barbarisme à la civilisation ; le Triomphe final des Arts et des Sciences en faveur de la Paix contre la Guerre.

Chacun des huit côtés de l'octogone intérieur est percé d'une baie occupée par des portes, à la partie inférieure, et par des grilles en bronze, au-dessus ; ces dernières sont surmontées de panneaux ornés de sculptures et d'inscriptions. Sur la grande corniche intérieure qui couronne les murs, est installé un grand balcon, semblable à la Galerie de Saint-Paul de Rome. Un ordre de pilastres placés directement sous le dôme intérieur, surmonte cette galerie. Le dôme lui-même est composé de panneaux décoratifs ; la surface tout entière est rehaussée de couleurs, disposées de manière à compléter et à perfectionner l'ensemble.

Nous avons déjà dit que ce Palais sert de vestibule monumental à l'Exposition. Quand les visiteurs sortent de l'arcade Est, et qu'ils entrent dans la Cour d'honneur, ils doivent recevoir la mémorable impression d'une harmonie architecturale de proportions grandioses.

Les thermes, les temples de l'ancienne Rome, les châteaux et jardins des princes de l'époque de la Renaissance italienne, les palais Royaux de France et d'Espagne, devaient inspirer les architectes du Nouveau-Monde : le riche héritage de toutes ces belles architectures devait rendre possible la création d'une Cour d'honneur bordée de bâtiments dont l'ordonnance concordât en dignité avec les Progrès de l'Humanité exposés dans ce grand tableau de la civilisation moderne.

Il était de grande importance que la foule circulant autour de la grande cour, et entrant ou sortant des palais, fût protégée des ardeurs du soleil. Dans ce but, le grand rectangle de la cour, fut entouré par une série de portiques faisant partie des Palais des Machines et de l'Agriculture, à droite ; des Arts Libéraux et de l'Electricité, à gauche. Les vastes fronts de ces constructions, avec leurs pavillons, leurs riches sculptures, leurs statues, leurs dômes et leurs tours, relevés par des décorations en couleurs dans la pénombre des portiques, laissent loin derrière eux, comme dimensions, les autres groupes architecturaux anciens ou modernes.

Devant lui, le visiteur aperçoit le grand bassin de 106^m,78 de large et de 335^m,28 de long, s'étendant au milieu de la grande cour. Cette cour est bordée de doubles terrasses dont les plus basses sont garnies de plantes et de fleurs, tandis que celles de la partie supérieure sont ornées de balustrades, de colonnes rostrales, de vases et de statues. De larges escaliers descendent des portiques principaux de chaque Palais et conduisent au bord de l'eau. Les canaux disposés de part et d'autre de la cour sont traversés par de larges ponts.

Sur la rive la plus proche du grand bassin, le visiteur sortant du grand Palais de l'Administration découvre une partie circulaire plus petite, mesurant 45^m,70 de diamètre et deux colonnes surmontées d'aigles, élevées sur les bords de ce bassin.

Au centre du bassin, à l'entrée du canal d'un kilomètre de longueur, qui conduit au lac Michigan, s'élève une galère antique, formant une fontaine monumentale, de 18^m,29 de longueur destinée à symboliser la grande République des États-Unis. Cette œuvre magistrale est due au ciseau d'un jeune sculpteur américain, M. Mac Monnies, élève de notre illustre compatriote Falguières.

Elle affecte, comme celle de M. Coutan, la forme générale d'une trirème. Une Renommée, ailes éployées, haute de 5 mètres, tenant d'une main la trompette allégorique et de l'autre la couronne de l'immortalité se tient à l'avant, le regard perdu dans l'infini. Derrière elle, une double théorie de quatre gracieuses jeunes femmes, armées de longues rames, semblent faire mouvoir la barque. Elles symbolisent la poésie, le commerce, les arts et l'agriculture. Au sommet du piédestal qu'elles encadrent, la République américaine est personnifiée par une femme coiffée du bonnet phrygien ; elle tient dans sa main gauche le flambeau de la liberté et s'appuie carrément sur le dossier de la chaise pompéienne dans laquelle elle est assise ; le Temps pilote la barque et huit courriers montés sur des chevaux marins aux naseaux jaillissants la précèdent.

Ce spectacle triomphal est vu à travers des jets d'eau entrelacés, et, à l'extrémité du bassin, l'eau tombe de 4^m,30 par une série de marches dans la plus grande nappe placée au-dessous; des dauphins rangés en demi-cercle, font rejaillir l'eau sur la cascade. A l'extrémité extérieure du bassin une République colossale, due au sculpteur Daniel C. French, s'élève au-dessus de l'eau. Elle est traitée à la manière grecque archaïque avec une vigoureuse accentuation des lignes verticales, mais aussi avec une allure simple et grande qui donnent à cette composition l'aspect de la puissance et de la majesté.

A la suite, une double colonnade ouverte, formant un péristyle de 18^m,29 de hauteur et semblable à celui de Bernini devant Saint-Pierre de Rome, limite la grande cour, vers le lac. Les deux ailes de cette colonnade sont réservées, l'une à un pavillon de musique, l'autre à un Casino avec une salle d'attente pour les passagers des bateaux. La frise de ces colonnes porte les noms des États de l'Union. Au centre un arc triomphal est jeté sur le canal reliant le bassin avec le port.

Au-delà de cette colonnade, on peut apercevoir l'étendue du lac qui se perd dans l'horizon. Dans l'axe de la cour et à une cinquantaine de mètres de la rive, se trouve une île dans laquelle a été placé un phare; un casino a été construit au pied de ce phare.

Cet ensemble est animé par la multitude des drapeaux et des oriflammes, flottant autour d'innombrables hampes; par la foule des visiteurs de toutes les nations se promenant à l'ombre des portiques, s'arrêtant sur les ponts et contemplant des balustrades, l'incessant mouvement des bateaux qui, pavoisés de mille couleurs, sillonnent l'immensité du lac.

2° CONSTRUCTION

Fondations

Les fondations du Palais de l'Administration, comme celles des autres Palais, ont été exécutées partie sur plate-forme, partie sur pilotis ainsi qu'on a pu le voir précédemment lorsque nous avons donné des généralités sur les fondations des Palais de Jackson-Park.

Description de l'Ossature
(Planche 15-16)

Sur ces fondations repose l'ossature métallique qui forme le dôme. Cette ossature comprend d'abord un prisme octogonal formé d'un treillis continu dans lequel sont percées les portes d'accès du grand vestibule central de l'Exposition.

Ces portes mesurent 17 mètres environ de hauteur et près de 12 mètres de largeur.

La planche 17-18 donne le détail de cette partie en treillis, dont la hauteur est de 17 mètres et la largeur à la base de 15^m,75. La structure de cette dernière partie comprend un montant composé d'une âme de 762 millimètres, et de quatre cornières inégales mesurant 127 × 72,6 millimètres. Sur cette poutre viennent s'assembler, de part et d'autre, des cornières formant membrures au lattis du treillis à petites mailles; ces cornières s'assemblent en se conformant à la forme octogonale. Entre cette membrure et celle de l'intérieur, composée de cornières de 152 × 152 millimètres, l'ossature est constituée par un treillis en fers plats de 76 millimètres sur 8 millimètres d'épaisseur.

La membrure horizontale supérieure est formée d'une plate-bande de 610 millimètres de hauteur, renforcée de cornières épaisses à ailes inégales, mesurant 152 × 102 millimètres.

Sur cette première ossature repose une poutre octogonale de 6^m,07 de hauteur formée de croisillons. Ces croisillons comprennent deux cornières de 89 × 63,5 millimètres traversées par un fer plat de 76 × 6,35 millimètres ; les montants principaux sont en double cornières de 102 × 76 millimètres.

A une hauteur d'environ 15 mètres au-dessus de la poutre précédente nous rencontrons une nouvelle poutre octogonale formée de croisillons, mesurant $3^m,66$ de hauteur. La membrure inférieure est composée de deux cornières de 102 millimètres sur 76 millimètres. La membrure supérieure comprend un lattis formant lacet en barres de 51×8 millimètres et de cornières de $89 \times 76,2$ millimètres. Cette ceinture octogonale comprend par côté : six croisillons formés de deux cornières de 114×76 millimètres et de barres de $76 \times 6,35$ millimètres ; les montants verticaux sont en cornières de $76 \times 63,5$ millimètres.

Au-dessus de la poutre du bas, à une hauteur de $4^m,114$, les piédroits verticaux sont maintenus par un système de diagonales en fers ronds de 25 millimètres de diamètre.

Entre chaque membrure, il y a deux de ces panneaux ; ces diagonales sont encadrées par des membrures horizontales en cornières de 127×127 millimètres.

Extérieurement, à l'ossature du dôme proprement dit, la construction des bas-côtés comprend une ossature octogonale analogue à la précédente ; la planche 15-16 montre, dans la structure du Palais, cette partie concentrique extérieure qui renforce la base. Le diamètre de cette partie est de $58^m,675$.

La hauteur totale de la partie prismatique décrite est de $41^m,02$; elle correspond à toute la hauteur du monument moins le dôme.

La coupole est formée de demi-fermes principales au nombre de huit placées aux angles de l'octogone (voir les planches 15-16, 17 et 18. Ces demi-fermes sont reliées entre elles par cinq ceintures A, B, C, D, E. Sur une hauteur de $16^m,459$, les demi-fermes sont verticales, au-dessus elles affectent la forme circulaire. Les demi-fermes secondaires sont au nombre de seize, elles sont analogues aux fermes principales, mais de construction plus légère ainsi que l'indique la planche 17-18.

Ces demi-fermes s'arrêtent à la ceinture C sur laquelle elles viennent s'assembler.

La suite du dôme ne comprend plus que huit demi-fermes secondaires. En outre, dans la partie verticale, s'arrêtant à la ceinture A, sur une hauteur de $16^m,459$, une série de poutres verticales en treillis, plus légères que les parties correspondantes, des demi-fermes secondaires renforcent l'ossature du dôme, ce qui porte, en y comprenant les fermes principales, à quarante-huit le nombre des membrures.

Les membrures des demi-fermes principales sont formées de quatre cornières de dimensions d'ailes, variant de la base à la ceinture supérieure ; elles ont de 127 × 89 millimètres à 101,6 × 76,2 millimètres. Entre ces cornières vient se river un lattis intérieur disposé en double lacet mesurant 89 millimètres sur 9,5 millimètres d'épaisseur.

Les membrures des demi-fermes secondaires sont formées de quatre cornières dont les dimensions des ailes varient, de la base au sommet, de 89 × 63,5 millimètres à 63,5 × 63,5 millimètres.

Le lattis intérieur en double lacet jusqu'à la ceinture A se continue en simple lacet jusqu'à la dernière ceinture supérieure E.

Ce lattis, en barres de fer plat, varie de 63,5 millimètres de largeur sur 8 millimètres d'épaisseur, à 57,15 × 9,52 millimètres.

Les ceintures sont constituées de la façon suivante :

La première, A, repose sur une poutre de 1^m,43 de hauteur ; cette poutre entretoisant les membrures verticales. Elle est formée d'une poutre en treillis composée de cornières. Ces cornières ont 127 × 76,2 millimètres, pour les membrures, quant au treillis il est disposé suivant un double lacet formé de barres de fer plat de 63,5 millimètres sur 9,52 millimètres d'épaisseur.

Les suivantes sont constituées d'une manière analogue.

La ceinture B a son lattis composé de barres de 76 millimètres de largeur sur 9,5 millimètres d'épaisseur.

La ceinture C a son lattis constitué de barres de 63,5 millimètres de largeur sur 9,5 millimètres d'épaisseur.

La ceinture D a son lattis constitué comme la ceinture précédente C.

Les membrures principales et secondaires maintiennent une ossature légère constituant les faux plafonds du dôme. Les planches 15-16 et 17-18 montrent l'ensemble et les détails de cette partie de la structure du dôme ; nous ne la décrirons pas.

Quant au contreventement, il a été étudié particulièrement ; il est constitué par des diagonales en fers ronds, réunissant les intersections des fermes principales et des ceintures A, B, C, D, E.

En résumé la partie métallique constituant le dôme du Palais de l'Administration est d'une remarquable légèreté, tous les fers rentrant dans sa construction sont de faibles échantillons.

Les ingénieurs américains, dans la structure de cette coupole ont, par le savant emploi des poutres en treillis de grande hauteur, combiné à celui des contreventements diagonaux, obtenu un maximum de résistance pour un minimum de poids de métal.

Ce résultat leur fait grand honneur.

PALAIS DES MACHINES

1° ARCHITECTURE

Le Palais des Arts mécaniques ou Palais des Machines, occupe, sur le côté Sud de la cour principale de l'Exposition, une longueur de 256^m,64 et une largeur de 152^m,40 ; il couvre, avec les constructions principales de son Département, une surface de 3 hectares 85 ares environ. Ces dimensions sont à peu près les mêmes que celles du Palais de Dioclétien, à Spalatro.

Indépendamment de ces bâtiments principaux, il existe, à l'Ouest, une annexe de 167^m,64 de long, qui couvre une surface additionnelle de 2 hectares 58 ares, servant à l'exhibition des grosses machines. MM. Peabody et Stearms, de Boston, en étudiant le plan de leur construction principale dont la surface était donnée, furent guidés par la nécessité d'obtenir des espaces libres vastes et de grande hauteur, disposés de manière à faciliter la classification et à éviter la confusion. Ils furent guidés, en outre, par cette considération, imposée également aux autres Architectes, que la structure adoptée fut telle, que le matériel en résultant, charpentes, piliers, fermes, etc., put trouver un écoulement facile après la fermeture de l'Exposition.

Ces considérations les conduisirent à l'adoption d'une travée type de 40^m,62 de largeur, et de 30^m,48 de hauteur.

La toiture de ces galeries devait être supportée par des fermes en arc distantes de 15^m,44. Ils placèrent trois de ces travées côte à côte. (Voir la planche 21-22).

L'emplacement de la construction était tel, que la disposition la plus convenable obligeait de placer la principale entrée sur la plus petite façade : celle qui se trouve opposée au grand portique Sud du Palais de l'Administration, ce grand vestibule de l'Exposition, établissant ainsi une bonne ordonnance avec les Palais voisins les plus importants. Cette condition suggéra l'idée de faire traverser le triple hall par un grand transept qui, étant de même largeur que chacune des trois nefs, formerait une

galerie principale composée de trois travées circulaires de 1 570 mètres
de superficie. A droite et à gauche de ces travées, les galeries de 39^m,93
s'ouvraient en formant une longue perspective de fermes en arc.

Afin de mieux distinguer cette principale artère donnant accès dans
les galeries de moindres dimensions, chacune des travées circulaires fut
surmontée d'une toiture conique, donnant, de l'intérieur, l'illusion d'une
suite de dômes. Les architectes obtinrent ainsi une vaste surface couverte, composée de trois galeries parallèles avec toitures vitrées et tra-
versée, au centre, par un transept principal. Ces constructions devaient
former une galerie d'une largeur totale de 118^m,97 et de 222^m,50 de
longueur, offrant toutes les conditions désirables de convenance pratique.

Ces divisions si logiques et si simples devaient, dans une certaine
mesure, contre-balancer par l'aspect de leurs belles proportions, l'iné-
vitable perplexité du spectacle résultant d'une multitude de machines.

C'est dans cette voie que MM. Peabody et Stearms se proposèrent de
satisfaire aux exigences de leur problème.

La tâche la plus délicate pour MM. Peabody et Stearms était de donner
à cette ossature rigide et sèche, un aspect extérieur de beauté s'harmo-
nisant avec le caractère austère et la destination de ce Palais de Machines. Ils essayèrent de concilier l'esprit industriel, développé ici dans
toute sa puissance, avec l'idée de calme qui doit ressortir de toute œuvre
architecturale.

Les formes artistiques, au moyen desquelles cette union nouvelle de
la Force à la Grâce fut obtenue, ont déjà été établies, comme nous
l'avons vu, par la décision prise par les Architectes des Palais en bordure
sur la grande cour de l'Exposition qui avaient résolu de s'en tenir à un
style strictement classique, et de fixer à 18^m,29 la hauteur des corniches des entablements.

Les Architectes du Palais des Machines se proposèrent donc d'assurer
à ce grand bâtiment rectangulaire, un aspect en harmonie avec les autres Palais. En opérant ainsi, ils sacrifiaient l'invention à la convention
et limitaient leurs travaux artistiques à une série de mensonges architecturaux en masquant la structure de l'édifice ; comme nous l'avons déjà
expliqué, la construction disparut sous un décor, une sorte de rideau
architectural.

MM. Peabody et Stearms, en étudiant la disposition de ce rideau architectural, ont réservé, tout autour de leur construction, une surface

d'environ 15^m,24 de largeur. Ils ont occupé cette surface avec des galeries intérieures et extérieures, élevées de deux étages. Ces galeries ont formé, naturellement, à leurs intersections, des pavillons d'angle de 233 mètres carrés. Elles sont interrompues, au centre des deux élévations principales, par les pavillons formant les entrées du Palais. Celle du Nord fait face au Palais de l'Administration et celle de l'Est, au portail correspondant du Palais de l'Agriculture.

Il a déjà été dit que les Architectes considéraient comme nécessaire d'établir des galeries ouvertes tout le long des façades. Conformément à cette décision, des portiques ont été disposés contre les murs intermédiaires, entre les pavillons. Dans ces conditions, les portiques à deux étages correspondent à ceux de l'intérieur : ils ont été traités d'une manière analogue à celle dont Claude Perrault traita la façade Est du Louvre.

Chaque division comprend une colonnade corinthienne de vingt-trois colonnes sur les longues façades et de neuf colonnes sur les façades extrêmes ; la hauteur de ces colonnes est de 8^m,39 et leurs distances correspondent aux points principaux de l'ossature des grandes travées intérieures.

Contrairement à ce qui a été fait à notre Palais des Machines en 1889, le soubassement sur lequel les piliers et colonnades reposent, est ici en forme de portique ouvert formant promenoir.

Le plafond de ce promenoir est constitué par un dôme, dans chaque travée ; la galerie ouverte du premier a son plafond formé de panneaux richement ornés.

Pour rehausser l'ensemble accusé par l'ordre principal, et, en mémoire de Christophe Colomb, de Ferdinand et d'Isabelle, les ouvertures des murs arrière, à la partie supérieure des portiques, ont été traités avec la pittoresque originalité de la Renaissance espagnole. Les armes de l'Espagne et le portrait de Colomb y sont fréquemment répétés.

Au cours de leurs études, les architectes comprirent qu'ils devaient rompre la monotonie que produisait l'aspect de ces longs portiques à deux étages par de vigoureux reliefs qui furent obtenus en accusant nettement la solidité et la masse des pavillons d'angle et de milieu. Par suite, les architectes furent conduits à traiter ces derniers, de manière à les faire ressortir comme des murs pleins interrompant toutes les lignes horizontales des ordres intermédiaires. Ils s'élèvent à 10^m,68 au-dessus du bâtiment principal et se terminent par un entablement légèrement en saillie sur chaque face. Ils divisèrent ce mur plein en trois parties, celles des extrémités furent disposées en forme de tourelles, tandis que la partie centrale fut construite légèrement en retrait. Sur ces tourelles, qui contiennent des escaliers, ils placèrent des lanternes octogonales ouvertes, comprenant trois étages allant en diminuant et s'élevant à une hauteur de 31^m,10 du sol. Elles furent enrichies de balustrades et d'ornements quelque peu romantiques conformes aux exemples fournis par les Arts espagnols et mexicains.

Sur le pavillon Nord, vers la cour et en face l'entrée Sud du Palais de l'Administration, les architectes ont disposé un portique de forme semi-circulaire, mesurant 22^m,81 en largeur et 27^m,43 de profondeur. Ce portique est constitué par des colonnes corinthiennes colossales de 18^m,29 de haut. La surface semi-circulaire ainsi formée est recouverte par un demi-dôme bas, entouré d'une balustrade. Un piédestal supportant une statue est disposé au-dessus de chaque colonne. Ce portique rappelle ainsi quelque peu le fameux portail circulaire du celidarium des Thermes des Caracalla.

Ce portique formé par un carré de 22^m,81 a les deux cinquièmes de sa surface en dehors du pavillon, le reste est dans l'intérieur du bâtiment. Il se termine par un fronton.

Il serait difficile de concevoir une plus majestueuse entrée de cette partie de l'Exposition.

Afin de subordonner les pavillons d'angle à ceux du centre et d'établir une unité de composition avec les côtés adjacents, les deux étages de colonnades se continuent autour d'eux, et sont accentués par une loggia légèrement saillante sur chaque face. L'intérieur de chacun des pavillons contient un grand escalier double, renfermé dans une cage circulaire formée par des colonnes supportant un dôme. Cette disposition est exprimée extérieurement par une coupole beaucoup plus élevée, surmontant un tambour circulaire en arcades.

Cette dernière partie de la construction est supportée aux angles par des petits pavillons terminés par des lanterneaux.

Les longues lignes horizontales de ces grandes façades, largement accusées aux angles par les dômes, et au centre, accentuées par les lignes verticales des deux tours de 40^m,96 de haut, forment un premier plan se détachant des lignes plus élevées des toitures de la triple nef. Elles sont entrecoupées par de légères décorations avec lucarne et par les trois toits coniques du transept central.

Les détails de ce projet ont été maintenus conformes aux traditions classiques, dont la sévérité a été cependant adoucie en partie, comme nous l'avons vu, par des motifs et ornements inspirés de la Renaissance espagnole.

Cette composition est enrichie à profusion par des sculptures et des statues emblématiques rehaussées de couleurs aux tons différents.

Cet ensemble décoratif intérieur des portiques s'aperçoit de l'extérieur entre les piédroits des baies et produit un merveilleux effet.

Si cette heureuse décoration ne réussit pas à marquer les mystérieuses relations qui peuvent exister entre la science et l'art, elle peut du moins, rester comme un modèle de composition académique convenablement ordonnée aux usages modernes.

L'iconographie de cette construction comprend des statues représentant les Sciences et les Éléments; ainsi que des écussons sur lesquels sont inscrits les noms des inventeurs fameux.

Sur le grand fronton Est, un motif allégorique représente la Ville de Chicago, montrant à l'Amérique et aux Nations, les divers inventeurs et mécaniciens du monde exposant les résultats de leurs travaux.

Les baies vitrées sont surmontées de groupes d'enfants portant des objets mécaniques ; de guirlandes d'outils remplaçant les fruits et les fleurs traditionnels.

Avant de procéder à l'examen du Palais de l'Agriculture, placé à l'Est du hall des machines et qui termine avec sa belle façade, la partie Sud de la grande cour, il est nécessaire de parler de la cour qui se trouve entre ces deux bâtiments.

Les terrasses de ces derniers, sont reliées par un pont jeté sur le canal, et la limite Sud de cette cour est constituée par une colonnade à deux étages reliant les deux édifices.

Ce dernier monument est flanqué, à chaque extrémité, d'un pavillon massif, sans pilastres, traité comme une aile de la construction principale. L'un de ces pavillons est destiné à un restaurant, et l'autre forme salle de réunion.

La transition entre ces pavillons et le péristyle ouvert est encore facilitée par l'interposition de petites tourelles surmontées de belvédères circulaires qui interrompent les lignes d'une façon très élégante.

Cet ensemble architectural, sert en même temps de façade à l'amphithéâtre et aux offices de l'exposition de l'Alimentation. Les plans de cette partie de l'Exposition ont été dressés par MM. Holabied et Roch de

Chicago ; ils ont disposé un arc triomphal au centre, et l'extrémité Sud du canal a été décorée par une fontaine, ornée d'un obélisque au pied duquel des lions font jaillir l'eau.

Tous les modelages architecturaux de cette construction ont été exécutés par MM. John Evans et Cie de Boston ; les figures qui l'ornementent ont été modelées, sous leur direction, par M. Bachmann.

Les statues des Sciences et des Éléments, ainsi que les groupes de l'entrée de l'exposition de l'Alimentation sont l'œuvre du sculpteur Waagen.

Les statues du porche semi-circulaire Nord et les figures placées au-dessus de l'entrée de l'exposition de l'Alimentation ont été exécutées par M. Krauss.

2° CONSTRUCTION

Fondations.

Les fondations du Palais des Manufactures et des Arts Libéraux, ont été exécutées sur pilotis; la construction étant en effet situé près du canal Sud et d'autre part son ossature étant considérable, on ne s'est pas contenté des radiers en bois.

Les sabots des fermes reposent sur une première plate-forme composée de cinq pièces de bois de fort équarrissage. Ces bois sont disposés eux-mêmes sur une seconde plate-forme de poutres placées normalement aux premières mais plus écartées, puis sur une troisième, une quatrième et enfin une cinquième qui repose alors directement sur vingt-cinq pilotis.

Description de l'Ossature

La Galerie des Machines mesure 260 mètres de longueur sur 150 mètres de largeur environ. Du côté Ouest, on a construit une annexe de 150 mètres de largeur sur 165 mètres de longueur.

La Galerie des Machines se compose de trois galeries principales disposées dans le sens longitudinal, c'est-à-dire de l'Est à l'Ouest, et occupant toute la largeur du bâtiment.

Chacune de ces galeries a 40 mètres de largeur environ.

Les trois galeries sont coupées, en leur milieu, par une sorte de transept de même largeur qu'elles et recouvert de trois dômes.

L'intérieur de la Galerie des Machines peut être comparé à la réunion de trois halls de chemins de fer accolés.

Les fermes des trois galeries ont été en effet construites de telle sorte, que cette destination fût possible dans l'avenir, elles peuvent en effet être démontées et remontées sous forme de trois galeries entièrement distinctes.

La toiture des galeries est semi-circulaire et celle du transept est, ainsi que nous l'avons dit plus haut, formée de trois dômes.

La hauteur des naissances des arcs des trois galeries est à $10^m,80$ au-dessus du sol. Le rayon extérieur des poutres courbes est de $20^m,62$. Ces arcs reposent et font corps avec des piédroits verticaux disposés sur les fondations par l'intermédiaire d'une articulation et de sabots de formes appropriées.

Au sommet, l'arc est interrompu et les deux moitiés s'arcboutent l'une contre l'autre au moyen d'une articulation analogue à celle de la base des piédroits.

Autour des trois galeries centrales règne, sur les côtés Sud et Ouest du bâtiment, une galerie annexe qui a seulement $15^m,54$ et qui est recouverte d'un toit plat.

Aux quatre angles de la Galerie des Machines, se trouve un pavillon d'entrée carré surmonté d'un petit dôme et dans lequel se développent les escaliers.

Au centre du bâtiment, sur la façade principale côté Nord, se trouve un portique monumental de forme circulaire flanqué de tours de 61 mètres de hauteur. Dans chacune de ces tours carrées sont situés des escaliers d'accès.

La même disposition se trouve reproduite sur le côté Est, où un portique carré ainsi que des escaliers latéraux se trouvent établis.

Le bâtiment des chaudières à vapeur est situé derrière la Galerie des Machines.

Les toitures plates qui couvrent les galeries annexes sont pourvues de vitrages disposés tous les quinze mètres et destinés à éclairer ces galeries.

Au-dessus des grandes fermes circulaires et des transepts du bâtiment principal, règnent des vitrages sur toute la longueur, sauf cependant sur une longueur de quinze mètres autour du dôme central et aux extrémités Est et Ouest.

Toutes les façades sont constituées par la carcasse métallique et les fermes des extrémités des galeries, mais cette ossature est cachée par un remplissage et des moulages divers au moyen desquels a été constituée la décoration de l'édifice.

Une colonnade réunit le bâtiment des machines à celui de l'Agriculture.

On accède à l'annexe de la Galerie des Machines par des galeries souterraines ou par des ponts au moyen desquels elle se trouve reliée au bâtiment principal du Palais de l'Administration d'une part, et à celui des Mines et des Transports d'autre part.

Le chemin de fer électrique pour voyageurs passe sous la Galerie des Machines ainsi que sous son annexe.

Les galeries supérieures du bâtiment principal sont desservies par huit grands escaliers.

Un escalier conduit également à la première plate-forme ouverte des tours à 30 mètres du sol.

Les toitures peu inclinées du bâtiment principal sont supportées par un système de poutres en fer à treillis.

La toiture des dômes est entièrement supportée par une charpente en fer.

Les toits plats de l'annexe sont montés sur des madriers, des poutres en bois et sur des fermes mixtes.

Tous les piliers du bâtiment reposent directement sur les fondations les uns, ceux des poutres courbes des galeries principales, par l'intermédiaire de rotules, les autres sont boulonnés directement sur les madriers de la fondation.

Pour parer à l'écartement possible, sous l'influence de la poussée, des deux piédroits des piliers qui supportent les fermes en poutres courbes, les deux piliers opposés d'une même ferme ont été réunis par un fort tirant de 41 millimètres de diamètre, situé au-dessous du sol des galeries.

Les toitures sont constituées presque entièrement en planches de 25 millimètres d'épaisseur sur 152 millimètres de largeur.

Tous les toits plats des galeries qui entourent le bâtiment principal sont formés de deux séries de planches placées diagonalement et en sens contraire.

Les surfaces intérieures du bâtiment sont constituées par un lattis avec remplissage et crépis en plâtre. Ces surfaces ont été ensuite enduites de peinture incombustible.

Les trois dômes centraux qui se touchent par leur circonférence extérieure, occupent toute la largeur du transept du bâtiment.

Entre chacun de ces dômes et le voisin, il existe une poutre courbe au-dessus de laquelle on a construit un pan de fer allant jusqu'à la couronne.

La ceinture des dômes est formée d'une poutre circulaire de 4 mètres de diamètre.

Une seconde poutre courbe plus légère repose sur celle-ci et reçoit les pieds des vingt-quatre fermes qui portent le dôme.

Les extrémités supérieures de ces poutres s'appuient sur une ossature circulaire de 2 mètres de hauteur, au dessus de laquelle est disposé le lanterneau.

Toutes les poutres sont en acier; elles sont formées de plates-bandes, cornières et croisillons. La largeur de la poutre est de 180 millimètres et sa hauteur de 304 millimètres.

La rotule de la partie supérieure est en acier dur; elle est en contact avec des portées également en acier; elle a 152 millimètres de diamètre.

Les trois galeries principales sont couvertes, sur une partie de leur longueur, par des toits plats à deux pentes surmontés d'un lanterneau.

Cette toiture est supportée par quatre pannes de dimensions différentes.

La panne qui supporte le lanterneau a $1^m,22$ de hauteur et $15^m,44$ de longueur; elle repose par ses deux extrémités sur deux fermes courbes voisines. Elle est formée de deux fers à T de 127 millimètres de hauteur sur 89 millimètres de largeur et 9 millimètres d'épaisseur; ces fers à T sont réunis par un treillis à mailles triangulaires formé de barres de 76 millimètres de hauteur, 51 millimètres de largeur et 6 millimètres d'épaisseur. La panne immédiatement inférieure a $1^m,37$ de hauteur; elle est formée de deux fers à T, de 127 millimètres de hauteur, de 76 millimètres de largeur et de 9 millimètres d'épaisseur. Ces deux fers à T sont réunis par un treillis à mailles triangulaires formé de fers de 76 millimètres de hauteur, 51 millimètres de largeur et 6 millimètres d'épaisseur.

Enfin les troisième et quatrième pannes sont semblables; elles ont $1^m,75$ de hauteur; elles sont composées de deux fers à T de 127 millimètres de hauteur sur 76 millimètres de largeur et 9 millimètres d'épaisseur; ces fers à T sont réunis par un treillis à mailles triangulaires formé de fers de 63 millimètres de hauteur, 51 millimètres de largeur et 6 millimètres d'épaisseur.

Les fermes circulaires principales sont constituées par un piédroit vertical surmonté d'une poutre courbe de même section.

La section de ces fermes constitue un caisson; le rayon de l'intrados de la partie courbe est de $17^m,54$.

La section transversale courante de la ferme, est constituée par deux petites poutres en V, dont les branches se font face, réunies par des barres droites et obliques formant treillis et entretoisées.

Chacune de ces petites poutres en V, a 30 centimètres de hauteur. La semelle ou plate-bande à 610 millimètres de largeur.

Les cornières qui entrent dans la composition de cette poutre, ont des ailes de 89 millimètres et une épaisseur de 9 millimètres.

La largeur totale du piédroit est de 2^m,42.

Les fers plats formant plate-bande, ont 610 millimètres de largeur et 13 millimètres d'épaisseur.

Les barres obliques du treillis sont formées de fers cornières, de 102 millimètres de largeur d'ailes et de 11 millimètres d'épaisseur.

Les barres perpendiculaires sont en fer cornière de 76 millimètres de largeur d'ailes, et de 9 millimètres d'épaisseur.

Les barres de treillis sont assemblées avec les poutres en V des semelles, au moyen de goussets en fer plat de 11 millimètres d'épaisseur.

Les deux faces des poutres en V ainsi que les barres de treillis droites et obliques, sont entretoisées de distance en distance au moyen de petits fers plats de 8 millimètres d'épaisseur.

Les extrémités inférieures des piédroits, se terminent par une partie amincie qui s'assemble avec le tourillon.

A ces extrémités, les treillis sont remplacés par deux âmes pleines en fer de 8 millimètres d'épaisseur, raidies par des cornières qui mesurent 76 millimètres de largeur d'ailes et 9 millimètres d'épaisseur ; elles sont placées à l'intérieur. Pour renforcer la pointe, on a doublé les âmes pleines au moyen d'une petite plaque de tôle de 8 millimètres d'épaisseur.

Les cornières qui suivent le bord extérieur des âmes ont 76 millimètres de largeur d'ailes et 9 millimètres d'épaisseur.

Le tourillon repose sur une console en tôle et cornières ayant une largeur de 70 millimètres.

La partie supérieure de la demi-ferme, se termine également par un tourillon ; en cet endroit, toutes les pièces composant la ferme sont renforcées ; il en est ainsi, notamment, des barres de treillis.

Les barres de treillis perpendiculaires sont formées de cornières qui ont 89 millimètres de largeur d'ailes et 9 millimètres d'épaisseur.

Les barres obliques ont 101 millimètres de largeur d'ailes et 15 millimètres d'épaisseur.

Les extrémités de demi-fermes qui portent la rotule centrale, sont renforcées au moyen de tôles pleines qui remplacent les barres de treillis et qui ont 18 millimètres d'épaisseur.

Les bouts des fermes sont arrondis, le rayon de la circonférence de ces extrémités est de 2ᵐ,69.

La rotule centrale est en acier; elle est cylindrique et mesure 15 centimètres de diamètre; elle est fixée après l'une des extrémités des demi-fermes, qui est renforcée, à cet effet, par une petite tôle de 13 millimètres d'épaisseur.

Les pannes ont 1ᵐ,21 de hauteur. Les semelles en sont constituées par des cornières à ailes inégales de 130 et 76 millimètres sur 9 millimètres d'épaisseur.

Sur les fermes, viennent s'appuyer les pannes qui ont été décrites plus haut et qui sont entretoisées par une poutre courbe, concentrique à la grande, elle mesure 69 centimètres de hauteur; elle est située de telle façon que son intrados est à 66 centimètres de l'extrados de la ferme principale.

Au-dessus de la panne qui supporte le lanterneau, on a placé un lattis en fer cornière de 63 millimètres de largeur d'ailes et 8 millimètres d'épaisseur.

Des poteaux en bois portent sur la panne, supportant le lanterneau qui est maintenu par de petites fermes en fer, composées de deux arbalétriers en cornières à ailes inégales de 76 et 63 millimètres sur 6 mill., d'épaisseur.

Sur les arbalétriers reposent trois pannes en bois de 130 millimètres sur 300 millimètres. La panne de faitage est maintenue entre deux fers cornières.

Les extrémités des arbalétriers sont réunies par un entrait en fer cornière de 76 et 63 millimètres de largeur d'ailes, sur 6 millimètres d'épaisseur.

L'entrait est supporté à ses extrémités par deux consoles en fers cornières de 76 et 51 millimètres de largeur d'ailes sur 6 millimètres d'épaisseur.

Un poinçon en fer cornière vient s'assembler avec l'entrait en son milieu, les contrefiches de la ferme ont les mêmes dimensions que le poinçon, soit 76 et 51 millimètres sur 6 millimètres d'épaisseur.

Une galerie extérieure règne sur le côté Ouest du bâtiment, en dehors de la grande nef. Cette galerie a une largeur de 15ᵐ,24 et une hauteur de 16ᵐ,76; elle est couverte par une toiture plate et est éclairée par le haut au moyen de châssis vitrés. Des ouvertures sont ménagées pour la ventilation.

La charpente du toit horizontal de cette galerie se compose d'une série de poutres espacées de 7^m,92, les extrémités intérieures de ces poutres reposent sur une autre longitudinale fixée aux principales.

La toiture est à une hauteur de 16^m,69 au-dessus du sol de la galerie. Les poutres principales longitudinales ont 1^m,42 de hauteur et 15^m,90 de longueur. Les semelles sont constituées par des fers cornières de 127 et 76 millimètres de largeur d'ailes sur 9 millimètres d'épaisseur.

Les barres de treillis sont en cornières de 76 et 63 millimètres de largeur d'ailes sur 6 ou 8 millimètres d'épaisseur.

Les poutres longitudinales F et G ont la même longueur que les précédentes, soit 15^m,44 et 15^m,90 de longueur et une hauteur de 2^m,34.

Les poutres transversales D sont composées de trois parties de 5^m,14 de longueur, elles ont 1^m,45 de hauteur. Les semelles sont constituées par 2 cornières de 127 et 76 millimètres de largeur d'ailes sur 9 millimètres d'épaisseur.

Les barres de treillis sont faites en cornières de 127 et 76 millimètres de largeur d'ailes sur 9 millimètres d'épaisseur.

Les poutres transversales V ont 14^m,97 de longueur et 1^m,45 de hauteur. Elles sont divisées en trois intervalles de 5^m,14, comme les poutres D. Leur partie supérieure est constituée par deux cornières ayant 101 et 76 millimètres de largeur d'ailes sur 8 millimètres.

Un plat de 300 millimètres de largeur et 8 millimètres d'épaisseur, réunit les deux cornières et forme semelle.

Les barres de treillis sont constituées par des cornières de 76 millimètres de largeur d'ailes sur 8 millimètres d'épaisseur.

Les poutres transversales W ont 16 mètres de longueur et 1^m,45 de hauteur ; les barres de treillis sont en cornières de 63 et 57 millimètres de largeur d'ailes sur 6 millimètres d'épaisseur.

Les poutres longitudinales R et S, qui s'assemblent perpendiculairement avec les précédentes, ont une hauteur de 1^m,42, les semelles en sont constituées au moyen de cornières de 76 millimètres de largeur d'ailes et 8 millimètres d'épaisseur. Les treillis sont en cornières de 63 et 51 millimètres de largeur d'ailes sur 8 millimètres d'épaisseur.

Les poutres longitudinales T et V qui s'assemblent aux extrémités des poutres W ont 2^m,34 de hauteur et des longueurs de 8^m,33 et de 7^m,72 centimètres.

Les treillis sont en cornières de 76 millimètres de largeur d'ailes et 8 millimètres d'épaisseur, et en cornières de 63 et 51 millimètres de largeur d'ailes sur 6 millimètres d'épaisseur suivant les barres.

Les extrémités extérieures des poutres sont supportées par une ferme système Howe, dont les parties supérieure et inférieure sont en chêne et les attaches verticales et diagonales en fer. Ces fermes Howe sont supportées par les piliers $P_1 P_2 P_3 P_4$.

Les piliers P_1 sont constitués de fers plats réunis par des cornières formant caissons. Ces caissons sont entretroisés en leur milieu.

Les plats ont de 43 centimètres à 61 centimètres de largeur sur 9 millimètres d'épaisseur; ils sont réunis par des cornières de 76 millimètres de largeur d'ailes et de 9 millimètres d'épaisseur.

Les piliers P_3 ont la même forme mais sans entretoisement central, les plats ont aussi 8 millimètres d'épaisseur et les cornières 76 millimètres de largeur d'ailes et 8 millimètres d'épaisseur.

Les piliers P_2 beaucoup plus petits, n'ont que 25 centimètres de largeur, les plats n'ont que 6 millimètres d'épaisseur et les cornières 51 millimètres de largeur d'ailes sur 6 millimètres d'épaisseur.

Les piliers P_4 ont 23 centimètres et 61 centimètres de côtés, les tôles qui les constituent ont 9 millimètres d'épaisseur et les cornières qui relient ces tôles ont 76 millimètres de largeur d'ailes sur 9 millimètres d'épaisseur.

La largeur de 15^m,23 séparant les poutres longitudinales de la ferme Howe, est divisée en trois parties par deux rangées de poutres longitudinales.

La coupole est renforcée par des attaches diagonales horizontales, faites de tiges de 25 millimètres.

Les quatre pavillons d'angle (pl. 25-26), sont couverts de petites coupoles dont la charpente est composée de huit poutres en fer double T de 393 millimètres de hauteur sur 178 millimètres de largeur, assemblées à la naissance avec une poutre circulaire, cet ensemble venant s'appuyer à la partie supérieure sur une couronne de 1^m,07 de diamètre.

Le rayon de la coupole est de 4^m,92.

Sur le plan on voit la disposition des solives des toits plats environnants, ces solives pénètrent dans l'intérieur et leurs extrémités servent à supporter la corniche intérieure en staff.

L'anneau inférieur de la coupole est supporté par des colonnes en bois habillées de motifs architecturaux en staff.

Les deux pièces de bois qui constituent les colonnes ont une section carrée de 15 centimètres de côté, ces deux pièces sont coiffées d'un chapeau carré également en bois de 15 centimètres d'épaisseur et de 48 centimètres de côté.

La surface entière des toits, sauf les parties vitrées, est garnie de parquet de 25 millimètres d'épaisseur bien jointif.

Tous les toits plats de l'étage du portique entourant le bâtiment principal sont formés de deux épaisseurs de planches placées diagonalement et en sens inverse.

La charpente des tourelles des portiques Nord et Sud, est constituée de la même façon que celle des autres parties du bâtiment. Les planches employées dans cette partie de l'édifice, ont 132 millimètres de largeur et 25 millimètres d'épaisseur.

Le parement intérieur de tous les murs, les piliers, pilastres et tous les plafonds du portique entourant le bâtiment principal, sont recouverts de plâtre coloré, maintenu par des lattes de 25 millimètres sur 50 millimètres espacées de 406 millimètres ; ces lattes sont fixées à l'ossature.

Tous les murs extérieurs et une grande partie des murs intérieurs, les corniches, chapiteaux, architraves sont recouverts de staff.

Le plancher du rez-de-chaussée est formé de planches de 50 millimètres d'épaisseur, le plancher de la galerie du bâtiment principal est en planches de sapin jaune de 21 millimètres d'épaisseur et 59 millimètres de largeur.

Les loggia du bas et les portiques ouverts ont leur sol bétonné.

Les planchers des balcons supérieurs sont formés de deux épaisseurs de parquet entre lesquelles est interposé un papier goudronné.

Toutes les pièces de bois entrant dans la charpente du Palais, sauf celles désignées spécialement ci-dessus, telles que solives, chevrons, parquet, etc..., sont en sapin blanc ordinaire.

PALAIS DE L'AGRICULTURE

1° ARCHITECTURE

Ce Palais, en bordure sur la grande cour de l'Exposition, est situé presque au niveau des lagunes.

Sa façade Nord donne sur la cour; celle du Sud est tournée vers le département de l'alimentation; chacune a 249 mètres de longueur environ. La façade Ouest de ce palais borde la cour mineure qui la sépare du Palais des Machines; celle de l'Est donne sur le lac. Ces deux dernières façades mesurent 152 mètres de longueur.

La surface de ce Palais, non compris les annexes, couvre un espace de trois hectares quatre-vingts ares environ, c'est-à-dire un espace égal au bâtiment principal du Palais des Machines que nous avons décrit.

Les architectes MM. Mac Kim, Meade et Withe, de New-York, ont couvert cette surface en ménageant une cour intérieure. Cet immense Hall est traversé, en son centre, par deux galeries d'égale longueur, normales l'une à l'autre et complètement dégagées du sol au faîte. A ces deux galeries sont accolées, de part et d'autre, des ailes comprenant deux étages.

Les quatre longues galeries de 28^m,95 de large, résultant de cette disposition, étaient nécessaires, étant donné la nature des objets exposés. Trois ailes longitudinales plus basses de 4^m,92 de largeur, viennent ensuite, parallèlement à la longueur; elles sont couvertes par une triple rangée de fermes à deux rampants. Le jour est donné par deux lanterneaux vitrés. Deux de ces ailes sont à deux étages; l'aile centrale n'en comporte pas, afin de permettre un éclairage convenable des galeries latérales. Par suite, en plus des trois hectares quatre-vingts ares couverts, les galeries fournissent deux hectares vingt-trois ares de surface couverte additionnelle.

Cette disposition du plan est entièrement dans l'intérêt de l'Exposition d'agriculture, sans aucune recherche d'effet architectural intérieur. Ces grandes et hautes nefs invitent les visiteurs à procéder, suivant les lignes axiales de la construction, à un examen général et approfondi des objets exposés; puis, par les ailes latérales, à poursuivre en détail leurs investigations, sans possibilité de confusion.

Les corps de bâtiments limitant les surfaces sur les petits côtés ont 14^m,63 de large. A leur rencontre, aux angles des constructions, avec les galeries longitudinales extrêmes, ils constituent naturellement, des pavillons d'angle de 14^m,63 de large, sur les longues façades latérales. Les intersections des nefs de 28^m,9 de large avec les galeries extrêmes, forment, en façade, un pavillon central qui devient la porte monumentale de l'élévation correspondante.

Les architectes indiquèrent ainsi, sur chacune de leurs quatre façades les dispositions conventionnelles des pavillons centraux et des pavillons d'angle. Il avait été arrêté de concert, par MM. Mac Kim, Meade et White qu'un portique serait disposé sur la façade principale, et, qu'une hauteur de 18^m,29 serait attribuée à la corniche principale. Ils considérèrent que, pour décorer ce portique ainsi que le monument, le choix d'un ordre corinthien, richement ornementé, rendrait bien l'expression architecturale de leur projet.

Par suite, ils convinrent de donner 15^m,24 de hauteur aux colonnes ou pilastres sans piédestal, qui devaient supporter un entablement de 3^m,05 de hauteur; le tout reposant directement sur la surface de 12^m,19 de large sur laquelle le bâtiment était assis.

La face nord, vue du côté opposé au bassin, offre un majestueux aspect avec les terrasses qui lui servent de piédestal.

Des deux terrasses qui la précèdent, la plus basse est baignée par les eaux du grand bassin, et celle qui est supérieure, est couronnée par une balustrade ornée de vases, de statues; une colonne rostrale s'élève à chacune de ses extrémités. Pour accentuer cette harmonie des terrasses avec la façade, un grand escalier, d'une largeur correspondant à celle de la colonnade du Pavillon central, descend jusqu'au niveau de l'eau, à la manière des débarcadères des palais de Venise.

Pour éviter la monotonie résultant de la non interruption le long de la façade du portique, autant que pour donner à l'ensemble un aspect plus noble et plus majestueux, les architectes décidèrent de grouper leurs grands pilastres au point où les principales divisions du plan étaient le plus accentuées.

Le pavillon central comprend huit pilastres, et, chacun des pavillons d'angle, quatre, sur la façade principale. Cette concentration des pilastres en trois points des façades longitudinales, au milieu et aux extrémités, donnait naissance à des intervalles tellement larges, que toutes ces parties, dans l'ensemble, paraissaient disjointes et désunies. L'unité nécessaire ne pouvait être obtenue qu'en répétant l'ordre, d'une certaine manière, dans ces intervalles. Le résultat cherché fut atteint en accusant certains passages transversaux de la construction, et, en les terminant, sur la façade, par des colonnades secondaires qui se répétèrent trois fois dans chaque intervalle. Ces portails, qui fournissent un motif de reproduire l'ordre, comportent deux pilastres pour chacun d'eux, donnant l'aspect de pavillons plus petits.

Ces colonnades rapprochées le long de la façade, satisfont à la fois aux conditions pratiques et esthétiques du problème.

En résumé, dans cette composition architecturale, la porte principale, surmontée d'un entablement et fronton qui reposent sur les huit pilastres, occupe le centre; des portes secondaires, avec huit pilastres qui sont aux extrémités, et celles de seconde importance placées en trois points intermédiaires avec deux pilastres, indiquent, sur la façade, les divers points d'entrée et de sortie avec une force proportionnée à leur importance.

Les intervalles égaux, compris entre les pavillons à pilastres, constituent, dans leur ensemble, la plus grande partie de la façade. Les distances entre les supports de la charpente intérieure engendrent une division nécessaire de chacun de ces intervalles, en trois baies égales. L'obligation d'obtenir, pour l'intérieur, le plus de lumière possible, conduisit à former, de chacune de ces baies, deux arcades garnies de grilles en bronze pour les fenêtres; la nécessité de deux étages à l'intérieur, imposait la division de ces arcs plein cintre, par un entablement secondaire placé au niveau du plancher des galeries. On obtint ainsi un promenoir extérieur autour du bâtiment, et l'entablement fut supporté par deux colonnes secondaires. Le portique adopté régnait sur toute la longueur de chaque façade.

En fait, les ordres intérieurs constituent une colonnade ouverte continue entre les grands ordres des colonnes et pilastres des pavillons, donnant ainsi aux éléments verticaux de la composition, un délicat contraste d'harmonie et d'échelle. Les éléments verticaux sont, malgré cela, soigneusement subordonnés aux lignes horizontales des entablements.

Dans ces conditions, les élévations sont mises heureusement en harmonie avec les plans, sans que les unes soient sacrifiées aux autres, par leurs concessions mutuelles ; la disposition d'ensemble, avec ses détails de contreforts en colonnes, continués par ceux des promenoirs qui supportent des statues placées dans l'intérieur des arcades, rappelle les traditions de l'architecture romaine.

Chaque contrefort et chaque pavillon doit recevoir une décoration spéciale appropriée.

Au point de vue académique, la partie principale la plus convenable comme centre d'une composition architecturale, est le dôme.

Le vestibule principal d'une telle construction destinée à une exposition d'agriculture, est un autre centre que l'imagination d'un poète peut concevoir comme un temple de Cérès et dont l'architecte doit réaliser la décoration. Ce résultat fut obtenu par la création d'une salle circulaire recouverte d'un dôme, de 23^m,77 de diamètre avec une hauteur intérieure de 39^m,32, formée par huit couples de colonnes, conformes à celles de l'ordre extérieur : elles entourent et enchâssent la statue de la déesse placée au centre. Cette composition attire, par sa beauté, le regard du visiteur et semble l'inviter à sortir de la foule tumultueuse pour parcourir les galeries et collections de ce palais.

A ce vestibule, complété et enrichi par des peintures, est accolé un portique extérieur formé de quatre colonnes détachées, flanqué par des ailes massives de composition analogues aux pilastres ; le tout est surmonté d'un attique, décoré de figures ailées, rappelant quelque peu celles de l'*Incantado* de Salonique, et d'un fronton central enrichi de sculptures symboliques disposées en groupes de manière à conduire les regards sur le tambour circulaire supportant le large dôme ; l'effet d'ensemble est quelque peu semblable à celui du Panthéon de Rome.

Chaque contrefort de la façade est couronné d'un groupe colossal représentant des scènes de la vie agricole ou pastorale. Un attique semblable à celui du pavillon central, supportant une pyramide ornée à sa base de groupes de sculptures et d'aigles, et à son sommet d'un groupe soutenant un globe, recouvre chaque pavillon d'angle.

Les murs en retour, à l'Est vers le lac, et à l'Ouest vers la cour secondaire, entre le Palais des Machines et celui de l'Agriculture, se développent, suivant les dispositions déjà décrites.

Les pavillons d'angle sont ici plus importants, tandis que le pavillon central l'est moins que sur la façade principale. Les intermédiaires sont disposés comme ceux de la façade mais avec une seule répétition de la triple arcade de part et d'autre de l'axe. La façade Ouest est semblable à la façade Est.

Dans leurs diverses conceptions, les sculptures extérieures qui sont l'œuvre de M. Phillip Martiny, de New-York, symbolisent les travaux bucoliques. Les groupes centraux représentent les efforts humains en agriculture ; ceux qui sont près du centre montrent le cheval maintenu et dompté par l'homme ; ceux des ailes extérieures représentent le bœuf traînant la charrue rudimentaire du temps de Virgile.

2° CONSTRUCTION

Fondations

Les fondations du Palais de l'Agriculture construit sur le sol de Jackson-Park, sol meuble et peu résistant, sont analogues à celles qui ont été décrites précédemment, elles sont exécutées, partie sur pilotis et partie sur madriers.

L'emploi de pilotis pour les fondations de cet édifice était indispensable, étant donné sa situation sur les bords du canal Sud.

Description de l'Ossature

La charpente du Palais de l'Agriculture est mixte, elle est en partie métallique et pour le reste en bois.

La planche 31-32 montre en plan et coupes les dispositions de l'ossature.

Les coupes transversales MN et QR, la coupe longitudinale OP, indiquent nettement la disposition des fermes et des galeries.

Les deux galeries principales médianes normales l'une à l'autre sont couvertes par une série de fermes A de $28^m,95$ de portée, et espacées d'environ $7^m,92$.

Ces deux galeries s'élargissent latéralement de deux ailes formant appentis, elles comprennent les fermes B et les fermes D_c.

Les fermes B au nombre de 22, ont une portée de $8^m,5$ et sont distantes de $7^m,01$ et de $7^m,92$, il y en a onze de part et d'autre du petit axe de la construction.

Les fermes D_c au nombre de 18, qui ont une portée de $7^m,01$, sont distantes de $7^m,92$, de $8^m,53$, il y en a cinq d'un côté de l'axe longitudinal du Palais, disposées parallèlement à cet axe et quatre de l'autre côté, la cinquième est supprimée dans cette partie du bâtiment, par suite de la disposition du dôme du pavillon central de la façade principale.

Les galeries longitudinales extrêmes sont couvertes par des fermes de $7^m,01$ de portée D_a et D_b, les travées ont une longueur variant entre $7^m,01$ et $7^m,92$.

Les fermes D_a sont au nombre de 22, il y en a onze de part et d'autre de la ligne axiale de la construction.

Les fermes D_b sont également au nombre de 22 et disposées symétriquement aux précédentes par rapport au grand axe du Palais.

Les galeries latérales extrêmes sont composées de fermes de $14^m,63$ de largeur : les fermes E ; leur écartement est variable ainsi qu'on peut le constater en examinant le plan de l'ossature. Elles sont au nombre de dix pour chacune des galeries latérales.

Les galeries longitudinales de $14^m,630$ sont couvertes par des fermes analogues aux précédentes, elles sont marquées sur le plan sous la désignation de fermes E_a et E_b.

Les fermes E_a au nombre de 22, onze de part et d'autre du petit axe du Palais, ont des écartements variables de $7^m,01$ à $7^m,924$.

Les fermes E_b sont semblables aux précédentes et disposées symétriquement par rapport à l'axe longitudinal du bâtiment.

Les deux galeries E_a et E_b s'élargissent intérieurement d'ailes formant appentis, ces ailes sont couvertes de fermes de $7^m,31$ de largeur, — les fermes D — leur écartement varie de $7^m,010$ à $7^m,924$; elles sont au nombre de 44 par groupes de 11, ces groupes étant disposés symétriquement par rapport aux axes médians de la construction.

Les galeries intermédiaires de $7^m,92$ sont constituées par les fermes C groupées par trois et accolées l'une à l'autre.

La ferme médiane a sa ligne de faîtage plus élevée que les faîtages des fermes voisines. La différence de niveau de ces fermes est d'environ deux mètres.

L'intersection des galeries principales A, produisit nécessairement dans la toiture, des arêtiers, et, par conséquent, des fermes diagonales.

Ces fermes sont au nombre de deux, elles sont marquées sur le plan sous les désignations de fermes F et H.

La ferme F a 41 mètres de portée ; il y en a quatre semblables.

Les fermes H au nombre de quatre, ont $11^m,25$ de largeur.

La jonction de la galerie principale a deux rampants A, avec le dôme, s'opère par quatre demi-fermes J d'une portée de $10^m,19$.

Le dôme comprend huit fermes circulaires.

Ainsi que le montrent la coupe longitudinale OP et les coupes transversales MN et QR (pl. 31-32), les galeries sont divisées dans leur hauteur par un plancher.

Des poutres armées de différents systèmes, relient, longitudinalement et transversalement, les charpentes et piliers maintenant la toiture. Certaines de ces poutres supportent aussi les planchers des galeries.

Les galeries longitudinales sont entretoisées dans leur partie haute par les poutres désignées sur le plan par 1 pour la galerie A, par 3 pour les galeries E_a et E_b et par 2 pour les galeries intermédiaires. Ces mêmes galeries ont leurs planchers supportés par les poutres 4a, 4b, 5a, 5b.

Les poutres 8, 9, entretoisent transversalement les galeries latérales extrêmes.

Les poutres 3a, 3b, 3c, supportent les planchers de ces galeries latérales.

On accède à ces galeries par des escaliers spéciaux dont on voit la disposition sur le plan. Des escaliers supplémentaires permettent de monter aux galeries extérieures placées au-dessus des portiques.

Détails de construction

Dôme

Les détails du Dôme du Palais de l'Agriculture, sont représentés sur la planche 33-34.

La carcasse de cette partie du bâtiment est composée de huit poutres courbes principales en acier.

Ces poutres courbes sont entretoisées par une série de pannes A, B, C, D, E, F, G, H.

Sur ces pannes, s'appuient une série de petites membrures intermédiaires en fer qui complètent ainsi l'ossature du dôme.

Cet ensemble est supporté par une double rangée de piliers en bois de 304 × 304 millimètres d'équarrissage, leur hauteur est de 21^m,33 ; la planche 33-34 donne le détail de la base d'une de ces fermes courbes.

Les courbures intérieure et extérieure du dôme sont respectivement de 11^m,98 et de 12^m,64. L'extrémité supérieure de la poutre, mesure 91 centimètres de largeur, l'extrémité inférieure 1^m,82. La membrure inférieure est composée de cornières de 76 millimètres ×100 millimètres sur 8 millimètres d'épaisseur ; la membrure supérieure est formée de cornières de même échantillon.

Les montants et treillis comprennent des cornières de 60 millimètres × 60 millimètres sur 6 millimètres d'épaisseur en moyenne.

A la partie supérieure du dôme les fermes courbes viennent s'assembler sur une ceinture en fer double T à âme pleine, de 9 millimètres d'épaisseur ; cette ceinture a 6^m,25 de diamètre.

La partie supérieure du dôme jusqu'à la panne E est complètement vitrée ; à la suite un garnissage en bois disposé en gradins suivant la forme indiquée en coupe est enduit de plâtre.

A l'intérieur du dôme également enduit de plâtre, la décoration de l'intrados de la voûte sphérique a été obtenue à l'aide de caissons peints en tons divers, le tout rehaussé d'or.

Toutes les ossatures des piliers, soit métalliques, soit en bois, ont été entourées d'un garnissage en bois, puis enduites de plâtre et de staff. On a obtenu de cette façon l'imitation parfaite de la pierre.

La période de temps pour ainsi dire éphémère pendant laquelle les monuments de l'Exposition devaient être visités, a seule permis la profusion de ces moyens factices de décoration.

Ferme A

La ferme A a 28^m,95 de portée, elle est composée de poutres en treillis. La membrure supérieure est formée de trois poutres de 10 centimètres sur 30 centimètres, réunies par des boulons de 19 millimètres de diamètre, la membrure inférieure est composée de deux cornières de 70 millimètres × 127 millimètres.

Les montants verticaux sont en bois, leurs dimensions varient de 25 centimètres × 25 centimètres à 15 centimètres × 15 centimètres, les tirants sont en fers ronds de diamètres variant entre 25 millimètres et 44 millimètres.

Les panneaux au nombre de douze, mesurent 2^m,412 de largeur et des hauteurs, variant entre 3^m,633 et 5^m,181.

Chaque montant vertical supportant la membrure supérieure, reçoit une panne ; de cette façon les efforts agissent bien aux points d'articulations du treillis : les hypothèses admises en statique graphique sont ainsi réalisées. Aussi dans un tel système, l'application de cette méthode de calcul est-elle absolument rationnelle.

L'assemblage à la partie supérieure des arbalétriers, au point G est donné en plan, coupe et élévation sur la planche 33-34 ; il est particulièrement formé d'un sabot en fonte avec nervures et œils nécessaires aux passages des tiges des fers ronds et de l'aiguille verticale maintenant la membrure inférieure.

Les assemblages des autres parties sont également indiqués. Ils sont tous composés de sabots en fonte. Ils comprennent les assemblages inférieurs aux points B et C, puis aux points D, E et F, les assemblages supérieurs aux mêmes points.

Au point A, extrémité de l'arbalétrier, l'assemblage est particulièrement détaillé.

Les parties inférieures des montants verticaux sont aussi garnies de pièces en fonte. Ces parties sont montrées à une échelle plus grande que celle de la ferme en b, c, d, e et f.

Les pannes sont formées d'une poutre armée ainsi qu'on le voit sur la planche 33-34.

Les dimensions de ces pièces varient de 7^m,92 à 8^m,68.

Ferme diagonale F

La ferme diagonale F est analogue à la précédente, elle comprend le même nombre de panneaux, elle diffère de la ferme A par sa portée qui est de 41 mètres au lieu de 28^m,95 (voir la pl. 35-36).

Les dimensions de la membrure supérieure ont été augmentées, elle se compose, en effet, de trois poutres de 15 centimètres × 30 centimètres, assemblées au moyen de boulons.

Les efforts dans les treillis étant beaucoup plus considérables, les fers ronds ont été doublés, ainsi qu'on peut le constater par l'examen des détails des assemblages.

Ces assemblages sont opérés à l'aide de sabots en fonte, tels qu'ils sont indiqués en B, C, D, E et F.

Les extrémités de l'arbalétrier viennent s'amortir en A dans un sabot de forme spéciale ; la partie supérieure G est disposée en vue de recevoir les huit tirants en fers ronds ainsi que les deux aiguilles verticales.

Sur ces tirants, quatre vont, par groupes de deux, du point G au point F, et quatre, par groupes de deux, contreventent l'ensemble.

Les assemblages aux points inférieurs b, c, d, e, f, g sont détaillés sur la planche 35-36.

Le lanterneau, comme celui de la ferme A, est exclusivement en bois ; les treillis et montants verticaux mesurent 15 centimètres ×15 centimètres d'équarrissage.

Chaque pilier recevant la ferme, a $25^m,91$ de hauteur, il est composé de quatre madriers de 25 centimètres ×25 centimètres d'équarrissage, assemblés solidement par quatre boulons, à $1^m,22$ de distance les uns des autres.

Ferme G

La ferme G fait suite aux fermes A, c'est en somme une de ces dernières fermes incomplètes, elle ne comprend que six panneaux au lieu de douze ; ses extrémités viennent reposer sur la ferme E.

Les assemblages sont identiques à ceux de la ferme F, sauf cependant l'assemblage des extrémités Z, ici ce n'est plus un sabot en fonte mais une plaque de tôle percée de trous recevant les chevilles qui maintiennent solidement la ferme G sur les fermes diagonales.

Le lanterneau est également identique à celui de la ferme A.

Fermes E, E_a, E_b

La construction de ces fermes est analogue à celle des précédentes, la membrure supérieure, qui travaille à la compression, est en bois, ainsi que les montants verticaux.

Les barres de treillis et la membrure inférieure sont métalliques; ces pièces travaillant à la tension.

PALAIS DES MANUFACTURES

ET DES

ARTS LIBÉRAUX

1° ARCHITECTURE

Le Palais des Manufactures et des Arts Libéraux, devait comprendre une telle quantité d'industries variées, que l'emplacement qui lui était dévolu, devait être de beaucoup le plus vaste de Jackson-Park. Les 12 hectares 14 ares qui lui ont été assignés, constituent une surface beaucoup plus grande que celles qui furent consacrées à une exhibition spéciale, dans les Expositions précédentes.

L'emplacement adopté pour la construction a, comme dimensions: 515 mètres de longueur suivant la direction Sud et 240 mètres de largeur suivant la direction Est. Son extrémité Sud, donnant sur la grande cour, était nécessairement soumise aux conditions de style et d'échelle admise pour les autres constructions ; ces conditions furent, d'ailleurs, étendues aux autres élévations. La façade longitudinale de ce Palais qui mesure 515 mètres de longueur et qui ne pouvait s'élever qu'à 18ᵐ,29 de hauteur, devait avoir pour effet de transformer l'aspect d'ensemble de l'Exposition, vu de l'intérieur ou du lac ; aussi une recherche particulière, dans la composition architecturale de ce Palais, s'imposait.

M. George B. Post, l'architecte de la construction, en étudiant son plan général, conçut d'abord l'idée de convertir la surface donnée, en cour intérieure, entourée de bas côtés, et de couper cette cour en deux, par une construction circulaire centrale rappelant ainsi, mais à une plus grande échelle, la disposition qu'avait adoptée Philibert Delorme dans son premier projet du Palais des Tuileries qui devait servir de résidence à Catherine de Médicis.

Ce Palais devait être de dimensions si grandioses qu'aucun monument connu ne pût lui être comparé et servir d'élément dispositif architectural. Le constructeur comprit qu'il devait, dans sa construction, éviter une servile copie de motifs archéologiques. Suivant le module imposé de 7^m,62, on convint d'établir, pour les quatre façades du Palais des Manufactures, des bas côtés formés par une galerie de 32^m,40 de largeur et de 34^m,75 de hauteur ; cette galerie devant être couverte par une toiture à deux rampants et flanquée de chaque côté par des ailes en appentis à deux étages de 13^m,71 de largeur. Cette disposition permettait un éclairage commode, et facilitait les communications à l'entrée et à la sortie de la grande cour.

La nef intérieure découverte devait mesurer 37^m,6 de longueur et 102 mètres de largeur. Le hall en dôme, au centre de cet espace avait été arrêté à 79^m,25 de diamètre et à 48^m,75 de hauteur ; il devait être entouré, comme les autres parties de la construction, d'ailes à deux étages de 13^m,71 de largeur. Ces ailes circulaires auraient enfermé une surface supérieure à celle de la grande arène du Colosseum Romain.

M. Post se proposait de transformer les deux cours, ainsi obtenues, en jardins garnis de fontaines et de kiosques, ou, si une plus grande surface était reconnue nécessaire pour les exposants, de les occuper par une série de sheeds couverts.

Lorsque la nécessité pratique de cette importante partie de l'Exposition fut mieux connue, on conclut finalement à l'abandon du dôme central et à la conversion de la cour intérieure toute entière, en un hall dépassant les plus grandes dimensions atteintes jusqu'ici. Ce hall a été construit sans colonnes intermédiaires et sa couverture demicirculaire est vitrée en grande partie. Cette toiture est supportée par des fermes en arc de 112^m,17 de portée, de 15^m,24 d'écartement et de 59^m,40 de rayon, donnant une hauteur moyenne de 64 mètres ; elle se termine en croupes, aux deux extrémités. Les fermes si admirées du Palais des Machines de la dernière Exposition de Paris, sont légèrement inférieures à celles-ci en portée, et plus basses de 17^m,67. On avait proposé de garnir ce vaste hall de 46.500 mètres carrés de surface, de siéges, d'estrades pour la cérémonie d'inauguration de l'Exposition, avant de l'adapter à son usage définitif. Cette immense nef ne pouvait manquer, en effet, rien que par sa puissance structurale, de revêtir un caractère grandiose inconnu dans les précédents de l'architecture monumentale.

Dans la recherche du traitement architectural, le plus propre à une construction de plus d'un demi-kilomètre de longueur, de près d'un quart de kilomètre de largeur et dont la hauteur donnée était limitée à 18ᵐ,29, l'architecte se trouvait placé en face de conditions de composition qui ne s'étaient peut-être jamais présentées. Les dispositions naturelles d'une construction aussi étendue, destinée, non pas à des services différents et variés, comme ceux d'un château royal, avec ses halls de cérémonie, ses ailes pour les services domestiques, ses chapelles, galeries, etc., mais à un but unique et déterminé, devaient faire ressortir dans toutes ses parties, une unité de composition. Les angles qui terminent les longues façades devaient fournir nécessairement des pavillons d'une certaine importance, pour accuser nettement ces points spéciaux. La place naturelle des autres pavillons est au milieu de chaque façade, là, où le visiteur peut le plus convenablement pénétrer dans l'intérieur, et recevoir de suite l'impression de la grandeur de l'immense nef.

Nous avons vu comment les architectes du Palais de l'Agriculture avaient traité les façades de ce Palais. Ils avaient trouvé nécessaire pour rompre la monotonie, d'établir entre le centre et les extrémités des élévations, des masses secondaires qui, reposant la vue, faisaient ressortir, dans un symétrique équilibre, les masses principales des pavillons intermédiaires.

L'auteur des façades presqu'interminables du Palais des Manufactures, sentit qu'il ne pourrait les traiter dans un style pittoresque et accidenté, sans sacrifier à la vérité et à la dignité ; il sentit que rompre les lignes par des pavillons secondaires subordonnés évidemment au motif central, ne pouvait convenir davantage. En effet, sur une aussi grande longueur, l'esprit ne pouvait facilement découvrir l'ensemble et voir d'un coup d'œil, cette correspondance du centre avec les parties latérales ; l'effet produit eût semblé dissymétrique.

Les règles de composition qui avaient guidé l'artiste dans les études décoratives des précédentes constructions de 150 à 250 mètres de long et de 18ᵐ,29 de haut, ne pouvaient être appliquées à une, deux ou trois reprises aussi longues, pour une même hauteur. Aussi l'architecte se souvenant de l'effet imposant, produit par certains longs portiques et aqueducs de construction romaine, eut le courage de résister aux effets de l'architecture de la Renaissance ; il laissa sa ligne de faîte et ses façades, entièrement dégagés de tous pavillons, sauf ceux du centre et des extrémités. Grâce à cette mesure sévère, il espérait montrer nettement l'unité de son plan au spectateur le plus indifférent.

Le module, ou unité de $7^m,62$ qui servait de base au développement, entraîna, pour les façades, une division correspondante. On obtint ainsi des baies au nombre de trente sur chaque moitié des façades longitudinales, et de onze sur chaque moitié des façades latérales. Ces baies sont formées par des arcs plein cintre reposant sur des piliers ; chaque ouverture comprend deux étages.

Cette longue perspective d'arches égales et similaires produit, sur l'œil, le même effet que les arcades de la Campagna. Cette série de baies uniformes tend à augmenter plutôt qu'à diminuer, la longueur apparente de la construction.

La répétition, si machinale soit elle d'un motif, appelle en nous l'idée de succession qui nous conduit à celle de l'infini.

Aussi, l'architecte qui a le courage et la franchise de l'adopter franchement, communique aux esprits les plus insouciants, une impression de majesté architecturale.

Le promenoir couvert ou portique, que nous retrouvons par parties dans les autres façades des Palais en bordure sur la grande cour, doit ici régner au pourtour complet de la construction, afin de permettre un abri naturel contre le soleil, le long de ces façades interminables.

Le linteau qui marque le développement extérieur du plancher du second étage dans chaque baie, est supporté par un arc surbaissé allant d'un pilier à l'autre. Du portique, on a accès dans l'intérieur du Palais par de nombreuses portes.

L'adoption d'une sévère formule classique pour la construction conduisait naturellement à choisir un motif semblable pour les quatre pavillons centraux, et un autre approprié à leur situation, pour les pavillons d'angle.

L'emplacement du Palais est tel, que toutes les façades sont par leur situation d'égale importance. Dès lors, les pavillons doivent être indistinctement pris comme entrées monumentales, ils doivent rompre majestueusement la monotonie. En conséquence, ces points devaient accuser un changement brusque dans le tracé architectural des façades, tout en conservant cependant l'idée classique peu favorable à l'interruption absolue des lignes horizontales.

L'architecte fut logiquement conduit à intercaler, dans le milieu de ses arcades, une entrée monumentale de style romain, analogue aux triples arcs de triomphe de Constantin ou de Septime Sévère, et de les terminer aux angles par des arcs semblables à ceux de Titus ou de Trajan. Ces modèles étaient, dans les deux cas, un considérable agrandissement des originaux pour cadrer avec l'échelle de cette gigantesque construction. La transition du pavillon central avec la masse de la construction est établie par deux arcades latérales, de même grandeur que celles dont nous avons parlé plus haut.

La corniche longitudinale se continue sur le pavillon central au-dessus de deux arches latérales, en formant comme une imposte de laquelle s'élance l'arc central.

L'ensemble est couronné d'un entablement surmonté d'un attique élevé. En avant des quatre piédroits de retombées d'arcs, sont placées de lourdes colonnes à piédestal formant contreforts et supportant des statues adossées à l'attique. L'ordre adopté pour ces colonnes est le Corinthien du Temple de Jupiter Stator.

Ces colonnes ont 18^m,24 de hauteur et un diamètre d'environ 1^m,85 à la base. Les angles de cette construction, formés d'une arcade unique sur chacune des faces adjacentes, reçoivent deux colonnes corinthiennes formant contrefort.

La largeur de ces pavillons d'angle est réglée sur celle du promenoir placé sur chaque face de la construction. Le but esthétique de ces contreforts hardiment accentués et qui se détachent de la masse de la construction, est évident. Ils constituent les seules lignes verticales que l'on rencontre dans la vue perspective des façades ; ils suffisent à relever dans le tracé l'excessive prédominance de ses lignes horizontales.

La disposition architecturale, dont nous avons suivi le développement, avait été choisie en vue de limiter par des constructions un vaste espace intérieur découvert.

Dans la suite, on avait décidé de couvrir la cour intérieure ainsi formée, d'une verrière. M. Post voulut alors indiquer extérieurement que la surface ainsi entourée par ces façades, n'était pas vide ; mais au contraire, qu'elle faisait partie intégrante de son hall circulaire.

Dans ce but et afin que cette partie monumentale puisse ressortir comme un élément principal du projet, il devenait nécessaire de la recouvrir d'un dôme de dimensions suffisantes, susceptible d'être vu au-dessus des lignes supérieures de la toiture des galeries enveloppantes.

Mais si ce projet avait été exécuté, il aurait écrasé toutes les constructions similaires érigées jusqu'ici ; il aurait provoqué une comparaison désavantageuse pour le dôme du Palais de l'Administration dont on désirait maintenir la prééminence; il fut donc abandonné.

La disposition finale de la cour centrale est celle d'un hall de 393 m. ×119 mètres en surface, couvert par une toiture semi-circulaire dont la ligne de faîte s'élèvant bien au-dessus des corniches des façades, modifie ainsi l'aspect architectural de la construction. La succession de hauteur des lignes de la corniche supérieure élevée à 18^m,20, celles des lignes des joues de lanterneau élevées de 32^m,90 dominées par la ligne de faîte centrale du Palais à une hauteur de 64 mètres, assurent un effet grandiose.

Les masses de la partie basse étant ramenées, par suite, à une hauteur proportionnée à l'ensemble, leur vaste étendue exprime une idée dominante d'unité dans la composition. Les lignes supérieures de la façade se projettent contre une toiture colossale se substituant au vide céleste.

Ainsi, dans son ensemble cette composition, fait ressortir que la réserve dans la décoration est le secret de l'art noble.

L'esprit architectural moderne empreint d'idées héritées de l'Egypte, de la Grèce et de Rome, du Moyen-Age et de la Renaissance doit faire un sobre usage de tous ces styles. Aussi la plus haute vertu que puisse acquérir l'architecte de nos jours, c'est de montrer une prudente réserve dans l'emploi de ces ressources. Celui qui en abuse dans ses travaux déprave l'art de son temps.

Heureux l'artiste qui, malgré sa connaissance du passé, peut rester original et faire preuve d'idées personnelles, il rend service à une civilisation imbue de préjugés et de sophistications artistiques.

Il est évident que dans la conception de l'ensemble du Palais des Manufactures, le classique a prévalu ; mais dans les détails de décoration M. Post a essayé de s'accorder avec la civilisation moderne. Nous remarquons que les sculptures et ornements des tympans et panneaux ressentent l'influence de la Renaissance française et celle de la dernière Exposition de Paris.

On outre, il a transigé avec l'expression sévère de son projet, en faisant une concession très juste à la nécessité de donner un air de fête à ce Palais d'Exposition, en disposant des étendards permanents sur ces arcades triomphales, et en décorant les façades, d'oriflammes placés à l'extrémité de mâts surmontant les corniches, au point correspondant aux piliers des arcades courantes.

2° CONSTRUCTION

Le Palais des Manufactures et des Arts Libéraux, comme nous l'avons déjà montré dans les considérations précédentes, est le plus imposant de tous les bâtiments de l'Exposition ; il rappelle par les dimensions de sa nef centrale, la Galerie des Machines de l'Exposition universelle de Paris, en 1889,

La planche 39-40 montre, en élévation, les proportions de ce monument grandiose.

Les planches 39-40 et 41-42 indiquent en coupe longitudinale, en coupe transversale et en plan, les dispositions de l'ossature métallique du Palais.

La nef centrale, de forme rectangulaire, est flanquée de bas-côtés de 63 mètres de largeur ; ces bas-côtés comprennent une galerie centrale, de 32^m,84 de largeur, et de 34^m,75 de hauteur.

L'intrados des fermettes métalliques qui couvrent cette galerie, est circulaire ; l'extrados suit les deux rampants de la toiture.

Un appenti relie, d'une part, cette petite galerie à la nef centrale ; et l'appenti symétrique la relie avec les murs de face. Cette dernière partie forme portique tout le long de l'édifice.

Ce portique comprend soixante arcades suivant la longueur du Palais, et vingt-deux suivant sa largeur.

Chacune des arcades constitue une baie donnant accès sur le dehors.

Les arcades viennent reposer leurs archivoltes sur les impostes des piédroits rectangulaires. Au-dessus de la baie, le mur est surmonté d'un entablement.

Le voussoir de clé est nettement accusé.

L'entablement est surmonté d'une partie d'attique formant acrotère, accusant un motif décoratif surmonté d'un mât, au droit de chaque pilier. Les tympans présentent également une ornementation.

Au milieu de chacune des quatre façades du Palais, et formant entrée monumentale, se détache une rangée de trois arcades liées à un ordre corinthien avec piédestal ; elle est composée de quatre colonnes.

Les deux arcades symétriques sont plus petites que l'arcade principale, elles ont les mêmes proportions que les autres arcades courantes. Ces colonnes supportent un double entablement surmonté d'une acrotère moulurée.

Les arcades situées aux angles du bâtiment, sont accusées nettement et décorées comme les arcades milieux des façades. Ces quatre extrémités du bâtiment sont desservies par quatre grands escaliers qui donnent accès aux galeries du premier étage, situées à 6 mètres environ au dessus du rez-de-chaussée ; vingt autres escaliers de dimensions moins considérables desservent ces galeries en différents points indiqués au plan.

La nef principale mesure 368^m,50 de longueur ; elle est composée de dix-huit fermes principales ; la surface restante est couverte à l'aide de vingt-quatre fausses 1/2 fermes venant se raccorder et s'assembler à quatre gigantesques fermes de croupes.

Les fermes sont articulées au sommet et aux naissances, comme celles qui composaient la grande galerie de Paris. Cet artifice permet de calculer plus exactement les diverses pièces rentrant dans l'ossature métallique. En effet, ce procédé de construction assure invariablement les trois points de passage au sommet et aux naissances de l'arc des résultantes, de toutes les forces agissant sur chaque ferme.

Ces rotules ont, en outre, l'avantage de permettre plus commodément la dilatation du métal.

La ligne d'intrados de la ferme, a sa courbure qui commence au sommet pour ne finir qu'aux naissances ; celle d'extrados est courbe pour une partie et se raccorde brusquement à une partie verticale. Le rayon d'extrados mesure 57^m,91.

La nef centrale, composée de dix-huit fermes, en a seize également distantes, leur intervalle mesure 15^x,24 ; les deux autres, voisines de l'axe, sont plus espacées et ont 20^m,20, d'écartement.

Ferme A

La planche 43-44-45-46 donne les détails d'une demi-ferme courante. Ainsi que les détails du lanterneau, la membrure supérieure, pour la partie verticale, est en forme de caisson, deux des côtés sont pleins et composés de deux tôles de 8 millimètres d'épaisseur sur 60 centimètres de hauteur, les extrémités de ces tôles sont renforcées longitudinalement par quatre cornières à branches inégales de 0,125 × 0,090, sur 6 millimètres d'épaisseur.

Les deux autres côtés du caisson sont ajourés et composés de cornières ou de fers plats, disposés en lacets. Ces dernières pièces rivées aux cornières d'angles des plates-bandes, les réunissent en maintenant rigidement leur écartement.

Le reste de la membrure supérieure, pour la partie en courbe, est formé également d'un caisson analogue au précédent; les tôles ont encore 60 centimètres de hauteur, leurs épaisseurs seules varient.

La membrure inférieure est composée comme la membrure supérieure, mais, ici, trois des côtés du caisson sont pleins, un seul est ajouré, le lattis de ce dernier côté est disposé en lacet.

Les deux tôles de côtés ont 60 centimètres, c'est-à-dire la même hauteur que celles de la membrure supérieure. La plate-bande du caisson placée à l'intrados de la ferme, a 90 centimètres de largeur et 8 millimètres d'épaisseur; les cornières disposées aux angles, ont des dimensions variables qui sont indiquées sur les dessins.

Le treillis en lacet maintenant la partie supérieure des tôles de la membrure inférieure, est formé de cornières de 0,063 × 0,051 sur 6 millimètres d'épaisseur.

Ces deux membrures sont réunies rigidement par un treillis formé presque uniquement de cornières.

La disposition du treillis est telle, que dans le piédroit de la ferme, la moitié des barres sont horizontales, tandis que dans la partie courbe supérieure, la moitié sont absolument verticales : cette dernière condition étant nécessaire pour assembler convenablement les pannes.

L'ossature du lanterneau, pour les deux rampants, comprend deux poutres en treillis, formées chacune de quatre cornières réunies par des barres plates; ces poutres sont maintenues à distance de la ferme par des barres de treillis en cornières qui s'assemblent et reposent sur cette ferme.

Il y a seize fermes semblables à celle que nous venons de décrire.

Les deux fermes placées au centre de la nef étant plus écartées, les efforts qu'elles ont à subir sont différents de ceux des fermes courantes; leur résistance ne devant plus être la même, les dimensions des pièces qui les composent varieront.

La membrure extérieure est composée d'un caisson ajouré sur les quatre côtés, c'est-à-dire complètement en treillis, sans plate-bande.

La membrure intérieure est ajourée sur trois côtés seulement, la partie inférieure est en tôle pleine.

La grande nef américaine, à l'inverse de celle de Paris et à son avantage, ne se termine pas par deux grands pignons. Elle présente des croupes, ce qui lui donne un aspect plus grandiose.

Cette disposition entraîne une certaine complication dans la construction de la partie métallique, complication qu'on n'avait pas osé aborder, en 1889, à l'Exposition de Paris.

Chaque croupe se compose des deux fermes B et C, des quatre fermes E et E', des quatre demi-fermes F et deux demi-fermes de croupes D.

Ferme B.

La planche 43-44-45-46 montre une des fermes B en élévation. Ces fermes sont indiquées sur le plan général de l'ossature à la planche 41-42. La partie située vers la rotule du haut, est droite, puisqu'elle suit nécessairement une génératrice rectiligne du rampant. La partie courbe adopte exactement la forme de la toiture de croupe.

La construction de cette ferme est analogue à celle des fermes courantes ; les membrures extérieures et intérieures sont toujours formées de treillis en cornières et de plate-bande. La rotule supérieure est située à $59^m,75$ du sol.

Ferme C.

La planche 43-44-45-46 montre également une des fermes C analogue à la précédente. La partie droite rectiligne y est plus importante, c'est une poutre en treillis dont les montants verticaux sont formés de quatre cornières, les barres inclinées en comprennent seulement deux. Chaque membrure est composée, pour les côtés, de deux tôles de 60 centimètres de hauteur, renforcées par des cornières à chacune des parties inférieure et supérieure ; un treillis disposé en lacet réunit les plates-bandes.

Les demi-fermes incomplètes F, les quatre demi-fermes diagonales D et les autres fausses demi-fermes de croupe situées, dans un plan parallèle à l'axe longitudinal de la nef, ne sont pas construites comme les fermes précédentes.

Les membrures sont ajourées, c'est-à-dire sans plate-bande sur les côtés. Une plate-bande est disposée à l'intrados.

Les demi-fermes E' traversent la ferme C pour venir se terminer sur la demi-ferme B et sur la demi-ferme diagonale D. Les demi-fermes E viennent aboutir sur la demi-ferme C et sur la demi-ferme diagonale D, enfin les deux demi-fermes F se terminent également sur la demi-ferme de croupe.

La demi-ferme diagonale est la plus grande de toutes celles composant la nef du Palais des Manufactures.

Les dimensions des membrures et des treillis qui la constituent, sont différentes de celles des autres fermes.

La planche 47-48 indique en élévation et plan, la jonction du faîtage du Palais, d'une part avec la ferme A, d'autre part avec les arêtiers de croupe.

Les membrures sont constituées par des caissons formés de cornières assemblées aux angles et réunies par un petit treillis en lacet.

Ces membrures supérieure et inférieure sont maintenues, rigidement, par des barres de treillis en cornières.

Pannes

La planche 49-50-51-52, nous montre les détails de ces éléments métalliques.

Les pannes sont de six types différents :

1° Celles indiquées sur le plan (planche 41-42) par la lettre A^2. Ce sont les plus rapprochées des piédroits et les moins hautes ; elles comprennent quatre panneaux en treillis de $3^m,81$ de largeur et de $1^m,83$ de hauteur. Leur longueur totale est de $15^m,24$; il y en a quatre-vingt-douze semblables. Les membrures extérieures sont composées de cornières de $0,127 \times 0,76$ et les treillis de cornières de $0,76 \times 0,76$;

2° Les pannes A^1, plus rapprochées du faîtage que les précédentes, comprennent le même nombre de panneaux en treillis de $3^m,05$ de hauteur. Leur longueur et les cornières les composant sont identiques aux pannes A^2.

Il y en a trente-six semblables ;

3° Les pannes A voisines du faîtage ont une hauteur variable de $7^m,93$ à $4^m,27$. Leur membrure supérieure est en cornières de $0,127 \times 0,076$, leur membrure inférieure, en cornières de 0,063×0,089; elles sont maintenues par un treillis en lacet.

Les treillis sont également en cornières renforcées de goussets aux extrémités.

Il y a quarante-quatre pannes semblables;

4° Les pannes B', qui sont analogues aux pannes A^x, mais comprennent six panneaux et non quatre, ont une longueur totale de 22^m,40, largeur de la travée correspondante.

Il y en a huit semblables;

5° Les pannes B^t semblables aux pannes A^t et d'une longueur de 22^{m}40.

Il y en a quatre pareilles;

6° Enfin les pannes B également semblables aux pannes correspondantes des travées de 15$_m$,40.

Il y en a quatre pareilles.

Chevrons

La planche 49-50-51-52 donne en détail la disposition d'un chevron.

Ces éléments métalliques en treillis, épousent la forme de l'extrados des fermes de la grande nef; ils comprennent une partie rectiligne de 23^m,31 et une partie en arc de 57^m,91 de rayon; ils ont une hauteur de 1^m,09 et une largeur de 0^m,61. Les angles de ces sortes de poutrelles sont en cornières de 0,63 ou 0,89 × 0,76, le lattis qui les assemble mesure 0,063 × 0,009.

Il y en a cent cinquante-deux semblables.

Contreventement

Le contreventement de la grande nef peut se diviser en deux contreventements principaux : celui des fermes dans leur partie haute et celui des piédroits.

Le contreventement des fermes de la nef principale comprend, à chaque extrémité, quatre travées de croisillons; chaque croisillon est composé de deux diagonales en fers ronds; l'une des diagonales mesure 0,028 de diamètre, elle va d'une panne à la suivante; l'autre diagonale est double, elle est composée de deux fers ronds allant également d'une panne à la suivante. A la suite de ces quatre travées, on a disposé deux autres travées de croisillons en fer rond; ici, aucune des diagonales n'est doublée.

Entre ces deux travées et la précédente série, il y en a deux sans aucun contreventement.

Suivant la croupe entre les fermes E et E', deux rangées de croisillons en fer rond complètent le contreventement de la toiture. La même ossature en fers ronds se répète dans l'autre moitié de la nef.

Le contreventement des piédroits est indiqué sur la planche 43-44-45-46, il est composé de poutres avec treillis en croix de Saint-André et de tirants en fers ronds.

Les poutres, au nombre de trois, sont disposées à des hauteurs mesurant respectivement: $5^m,25$, $17^m,65$ et $29^m,55$.

Ces poutres ont une hauteur variant de $1^m,52$ à $1^m,83$.

Elles se composent de fers cornières et de plates-bandes; les dimensions de ces pièces sont portées sur la figure correspondante des planches 43-44-45-46 et 49-50-51-52.

Les tirants ont leurs extrémités fixées aux angles d'intersection des piédroits des fermes et des poutres horizontales. Ces tirants en fers ronds ont un diamètre de 0,033.

MONTAGE DE L'OSSATURE MÉTALLIQUE

DU

PALAIS des MANUFACTURES et des ARTS LIBÉRAUX

———

Le mode de montage des grandes fermes américaines du Palais des Manufactures, est analogue à celui employé par la Société de Fives-Lille en 1889, pour le montage de la Galerie des Machines au Champ de Mars.

La planche 53-54 montre tous les détails des échafaudages et moyens de levage adoptés par les Américains.

A une hauteur de 42 mètres environ du sol était disposée une plate-forme de 15^m,25 de largeur reposant sur trois pylones.

Ces charpentes nécessitèrent l'emploi de 5 380 mètres cubes de sapin de l'Orégon et 317 800 kilogrammes de fer.

Le poids total des pylones et de la plate-forme, était évalué à 345 tonnes.

Le pylone central, composé de douze montants verticaux et de quatre contrefiches, maintenait la plate-forme à hauteur nécessaire.

Sur cette plate-forme s'élevait un pylone secondaire de 27 mètres de hauteur, dont le sommet était à 69 mètres du sol ; cet échafaudage servait à opérer le montage de la partie supérieure des fermes.

Six rails étaient disposés longitudinalement sur la plate-forme. Les quatre rails extrèmes, distants de 0^m,900, servaient à la manœuvre des wagonnets ; les deux rails médians, distants de 7^m,500, permettaient le déplacement de charpentes roulantes.

Les matériaux étaient amenés sur des voies ferrées provisoires au pied de l'échafaudage, puis, hissés à l'aide de quatre grues, dont les bras avaient 19 mètres de long. Ces grues étaient actionnées chacune par deux machines jumelles d'une puissance de 50 chevaux.

La largeur de la plate-forme était égale à la largeur d'une travée, ce qui permettait de construire deux fermes à la fois sans déplacer l'échafaudage.

L'ensemble des trois pylones portant la plate-forme, reposait sur huit rails, par l'intermédiaire de trente deux roues de 0ᵐ,500 de diamètre.

Le montage des piédroits des fermes s'effectuait par les grues d'extrémités; lorsque l'on était arrivé au niveau de la plate-forme, pour terminer le montage des parties supérieures des deux demi-fermes, on installait un pivot temporaire à l'aplomb de l'extérieur de la plate-forme (voir le détail A). On manœuvrait alors les quatre grues du pylone central, dont les bras avaient 10ᵐ,970 de long, et qui étaient actionnées par une machine de vingt-quatre chevaux. On hissait ainsi l'une des deux demi-fermes, on la mettait en place et l'on rivait; puis, pour pouvoir amener la seconde, on écartait les deux demi-fermes d'environ 1 mètre, à l'aide de pistons hydrauliques; on mettait la seconde demi-ferme en place, on ramenait les deux autres l'une contre l'autre et on disposait la rotule du haut.

On montait à la fois une paire de fermes pesant environ 430 tonnes.

Les grues centrales subissaient une charge de 32 tonnes, sauf pour les fermes extrêmes où la charge atteignait 40 tonnes.

Pour mouvoir l'échafaudage et le disposer en vue du montage d'une autre paire de fermes, les lignes extrêmes de la plate-forme étaient ramenées à 90°, puis on démontait le pylone supérieur de la plate-forme, on déplaçait l'ensemble longitudinalement de 30 mètres, ce qui demandait cinquante minutes environ, et on remontait le pylone central. L'ensemble de ce travail pouvait durer environ une demi-journée.

La mise en place des pannes s'opérait sans difficultés à l'aide des bigues extrêmes et des trois échafaudages roulants de la plate-forme.

Les fers du lanterneau étaient mis en place au moyen d'un petit échafaudage mobile le long des pannes.

En 1889, la Société des anciens établissements Cail mit treize jours pour monter la seconde ferme, douze jours pour les trois suivantes, et dix pour les autres. La Société de Fives-Lille employa seize jours pour monter la seconde ferme, douze pour la troisième et dix pour les autres.

Les Américains mirent neuf jours et demi pour monter la première paire de fermes, huit pour la deuxième paire, cinq jours pour la quatrième paire, et quatre jours environ pour les autres.

La méthode de levage due à M. P. Mitchel de la Compagnie Edge Moor Bridge Works, lui fait grand honneur, car ce mode a permis de mener le montage très rapidement.

Le contrat.signé par la Compagnie Edge Moor Bridge Works le 24 décembre 1891, accordait sept mois et demi aux constructeurs pour édifier les fermes du Palais des Manufactures et des Arts Libéraux.

Le 24 mai 1892, une grande quantité de fers étaient sur place, deux fermes et les pannes et tirants composant la première travée, étaient montés.

Les entrepreneurs durent fabriquer le matériel nécessaire et durent le transporter à 1 000 milles.

PALAIS DE L'ÉLECTRICITÉ

1° ARCHITECTURE

L'emplacement du Palais de l'Électricité mesure 106^m,78 de largeur et 213^m,36 de longueur ; l'axe principal est dirigé du Nord au Sud. Bien que particulièrement favorisé par sa situation, ayant une façade importante sur un des bras des lagunes ainsi que sur la cour principale de l'Exposition, c'est la plus petite construction du groupe principal. En conséquence, les architectes, MM. Van Brunt et Howe, de Kansas City, durent établir leurs plans de telle sorte, que le Palais ne fût pas écrasé par les masses voisines.

Ce bâtiment devait être disposé de façon à dissimuler et justifier l'infériorité de ses dimensions ; cette infériorité est d'ailleurs toute relative : la surface occupée dépassant considérablement celle du capitole de Washington.

Les architectes accusèrent la destination de ce Palais, en choisissant un style d'un aspect plus mouvementé que celui des autres édifices de l'Exposition ; ils adoptèrent le genre de la Renaissance française, auquel ils joignirent une recherche particulière dans l'ornementation ; quant aux détails ils furent traités classiquement.

En plan, l'aire est divisée en carrés de 7 mètres de côté, par deux systèmes de lignes parallèles se coupant à angle droit.

A l'intersection de ces lignes, sont placés les colonnes et piliers intérieurs et extérieurs.

Ce module de 7 mètres, quelque peu moindre que celui qui est adopté pour les autres constructions, assure, dans l'exécution, une échelle de tracé plus délicate, une fièvre de mouvement et l'absence du caractère massif, lesquels semblent être suggérés par la destination de ce Palais de l'Électricité.

Il devint bientôt évident que l'espace alloué à ce département de l'exposition, bien que couvrant 2 hectares 20 acres, serait insuffisant aux demandes des exposants, à moins de mettre à leur disposition une plus grande quantité de surface de plancher. On fut donc conduit à l'établissement d'un second étage, avec la nécessité de réserver un jour convenable dans la partie centrale du premier étage.

Afin de faciliter la circulation dans deux directions, il était clair que la construction devait être partagée par des nefs longitudinales transversales, libres du sol au plafond et dégagées de toute colonne. Le module de 7 mètres était compris quinze fois dans la longueur de la construction. Cinq de ces modules, ou 35 mètres, furent pris pour largeur des nefs.

Ces galeries furent couvertes par un toit à deux rampants, supporté par des fermes en arc mesurant 7 mètres d'axe en axe, et suffisamment élevés pour permettre l'établissement de fenêtres disposées au-dessus du reste de la construction. D'autre part, ce palais est divisé en cinq ailes sur chaque côté de la nef longitudinale; chacune ayant un module de largeur. Elles sont couvertes par des toits plats continus, comprenant une série de lucarnes au-dessus des ailes centrales, correspondant avec des ouvertures dans le second plancher. On accède à ces galeries par de grands escaliers placés de chaque côté des grandes entrées principales.

L'expression architecturale extérieure résulte des conditions d'établissement du plan. On a naturellement établi une entrée importante aux extrémités de ces hautes nefs avec chacune des façades. La décoration architecturale enveloppant le reste de la construction qui a pour module intérieur 7 mètres a conduit, à une disposition correspondante des baies. La corniche a une hauteur de 20 mètres environ, pour satisfaire à la condition d'unité imposée à toutes les constructions de la cour principale.

La décoration de chaque baie, a été rendue complète par elle-même, et de manière à en permettre la répétition tout autour du monument. Cette série est interrompue, seulement, par les motifs accusant les portes d'entrées; ces variations sont nécessaires pour rompre la monotonie, et fournissent la base de tourelles.

Les lignes horizontales des entablements rappellent la caractéristique de toute construction imposante, et impliquent l'idée de majesté au bâtiment. Or, ici, il convient de bien marquer l'expression d'éclat et de mouvement qu'indique un Palais d'Électricité. Pour y arriver, on a traité les piliers, régulièrement espacés de 7 mètres le long des façades, comme des pilastres saillants, reposant sur un piédestal de 2^m,44 de hauteur, maintenu continu afin que les éléments de la construction ne paraissent pas disjoints. L'entablement est surmonté d'un attique, non interrompu, au pourtour du bâtiment. Chaque pilastre se détache de la façade, et se trouve surmonté d'un avant-corps d'attique en décrochement sur l'attique longitudinal; la partie supérieure, supportant la hampe d'une bannière ainsi qu'un lampadaire électrique. L'ordre adopté est le Corinthien très enrichi, de Vignola. Entre chaque pilier, les baies sont divisées horizontalement par le plancher de la galerie. Ce plancher reçoit un entablement Ionique secondaire, supporté par deux pilastres et par une colonne centrale; la partie supérieure étant constituée par un arc plein cintre. Les arcs reçoivent des croisées avec petits bois en bronze. Ces baies occupent la plus grande partie des façades, par suite de la nécessité de fournir une abondante lumière en tous les points du Palais.

Aux extrémités des façades, cette série d'ouvertures se termine par une partie massive de même longueur que les baies, dont la saillie est fortement accusée. Elle est percée d'une fenêtre à chaque étage. La fenêtre supérieure est précédée d'un balcon supporté par des consoles sculptées. Ces pavillons d'extrémités ont leurs attiques surmontés de frontons décorés; ces frontons servant, pour ainsi dire, de base à des attiques surmontés de campaniles de style composite.

Ces campaniles s'élancent d'une sorte de piédestal aux angles duquel sont placés des candélabres avec groupes de lampes électriques. Sur les façades longitudinales, au milieu de l'espace compris entre chaque pavillon extrême et la porte centrale, la succession des baies est interrompue par une sorte de pavillon secondaire étroit; ce pavillon est couronné par un petit dôme à base carrée, et décoré d'aigles.

Conformément à l'esprit d'ensemble du projet, et, pour saisir chaque occasion d'accentuer les éléments verticaux, le pavillon central est flanqué de deux tours d'un module de largeur, espacées de trois modules. Chacune de ces tours est terminée par un belvédère. Ce belvédère est couronné par un attique circulaire, orné de festons, de vases, et couvert par un campanile.

Chacun de ces belvédères est terminé par une girandole placée à $50^m,43$ du sol et constituée par une couronne de lampes à incandescence. Entre ces tours, nous trouvons un portique surmonté d'une terrasse. Le portique comprend des colonnes de $12^m,80$ de hauteur, continuant l'ordre corinthien des pilastres dont nous avons parlé plus haut. Ce portique comporte, en plus, une forme circulaire convexe. Au-dessous, un attique composite, avec baies entre les tourelles, se terminant par des campaniles.

La façade Nord qui a vue vers les lagunes est, par sa position, dispensée, à un certain degré, de la stricte conformité à l'idée classique. Ce bâtiment, placé en face des ilots boisés, semblait pouvoir être traité avec une plus grande originalité de composition; c'est pourquoi les façades se prolongent et se développent suivant deux absides de 35 mètres de diamètre.

Entre ces absides, nous trouvons le portail Nord, composé de deux tourelles semblables à celles des portails Est et Ouest, flanquant un grand pavillon central, percé d'une baie plein-cintre correspondant à la série de fermes en arc de la longue nef.

Ce portail est divisé par des linteaux et meneaux. L'entablement supérieur, entre les tours, est horizontal, sans fronton. Les tympans de l'arche sont occupés par de gigantesques figures allégoriques représentant l'Invention et la Découverte.

Le style de ce portail est un ordre Ionique analogue à celui des façades des absides; ces dernières parties comprenant cinq arcs plein cintre supportant une large terrasse circulaire.

En résumé, le Palais de l'Électricité est caractérisé par une accentuation de l'expression verticale inusitée dans l'architecture classique, par des tourelles ornées de campaniles ou clochetons d'une hauteur, variant entre 46^m,94 et 57^m,90.

Sur la façade Sud, il était nécessaire de faire une concession à l'esprit de grandeur et de cérémonie qui prévaut autour de la grande cour d'honneur de l'Exposition. En conséquence, l'idée de verticalité, prédominant dans les autres parties de la construction, comme contraste avec les longues files de moulures horizontales, est ici très amoindrie et conforme à une composition plus calme. Ici, les campaniles des angles sont placés en arrière de la façade et reliés avec elle par des pavillons de 7 mètres de largeur.

L'entrée principale de la construction de ce côté, est constituée par un arc plein cintre monumental, de 18^m,29 de large et de 28 mètres de hauteur. L'archivolte de cette baie cintrée, s'élance de la corniche principale comme d'une imposte. Les piédroits sont fournis par des colonnes pleines de même ordre que les pilastres correspondants. Cet arc est couronné par un fronton classique recevant une sorte d'écusson symbolisant une des branches de l'électricité : l'Électro-magnétisme.

Cet emblème est supporté, de chaque côté, par une femme représentant les deux industries, conséquences de cette science : la Lumière électrique et la Télégraphie. Au-dessous de ce fronton, formant contraste avec le monument quelque peu fantaisiste des autres lignes, s'élève un attique massif se détachant du ciel par une ligne sévèrement horizontale. Cette masse centrale est contrebutée, latéralement, par de grandes consoles supportant des statues emblématiques placées sur des piédestaux surmontant la corniche principale du Palais. Ces piédestaux sont ornés par des médaillons représentant Morse et Vail, les inventeurs américains de la télégraphie électrique.

Une des plus importantes et des plus populaires découvertes de l'électricité fut celle des propriétés électriques de la foudre, par Franklin, aussi les architectes décidèrent-ils qu'une statue du patriote-philosophe serait placée sous cette grande arche, et que le principal portail sur la cour d'honneur lui serait consacré. Cette œuvre est due au sculpteur Carl Rokl Smith dont la conception est heureusement réalisée par une statue de 4^m,57 de hauteur, représentant Franklin, avec le cerf-volant et la clef historiques, qui lui servirent à observer les nuages orageux. Cette statue est placée sur un piédestal élevé au centre de la porte monumentale. En arrière et au-dessus de la statue, la niche colossale, dont l'arche triomphale est le cadre, est couverte par un demi-dôme divisé en compartiments décorés de bas-reliefs, rappelant, comme aspect principal, l'hémicycle tant admiré de la cour du Palais du Vatican. Le mur recevant le demi-dôme est orné de pilastres. Sur la frise principale de cette niche est gravé le fameux épigraphe de Turgot en l'honneur de Franklin :

« Eripuit cœlo fulmen, sceptrumque tyrannis »

Dans les cinq baies de la niche se trouvent les portes principales : celle du fond, s'ouvre sur la nef centrale, les deux autres portes, voisines de la façade, donnent accès sur le promenoir au premier étage. On accède au portique de cet étage par une série de baies plein cintre, dont l'intérieur horizontal médian est supporté par deux colonnes coniques. Sur la frise de l'entablement sont inscrits les noms des plus fameux électriciens américains décédés: Morse, Franklin, Page et Davenport. Puis, par ordre alphabétique, tout autour de la construction, se trouvent ceux de soixante-six grands électriciens célèbres de tous les pays.

Autant que possible, les détails décoratifs de ce palais sont imaginés en vue de révéler son but. Les embellissements conventionnels des ordres sont constitués par la fréquente répétition d'attributs se rattachant à la science électrique, tels que : l'électro-aimant, la lampe électrique, etc... L'intérieur de l'hémicycle et des portiques présente une décoration polychrome.

Le modelage architectural de cette construction a été l'objet d'un contrat avec la Phillipson Decorative Company, de Chicago. Les sculptures du fronton principal sont l'œuvre de M. Richard Bak de Chicago.

Nous avons dit que la partie du Palais de l'Electricité qui regarde les lagunes, était d'une composition plus libre, étant donné le caractère pittoresque de cette région, comparé à celui des monuments de la grande cour. Toutes les constructions examinées précédemment forment un groupe distinct. Une bonne ordonnance architecturale classique, autour de la place d'honneur de l'Exposition, a été l'objectif unique qui a guidé leur composition.

2° CONSTRUCTION

Fondations

Les fondations du Palais de l'Electricité sont, partie sur pilotis pour les fondations situées vers les lagunes, partie sur radiers en bois pour celles donnant sur la grande cour d'honneur. On a admis des charges de 12 tonnes par mètre de radier en bois, et de 15 tonnes par pilotis.

Description de l'ossature

La charpente du Palais de l'Electricité est mixte ; elle est en partie métallique et en partie en bois.

Les planches 57-58 montrent en plan et coupe les dispositions de l'ossature.

La coupe transversale PQ-RS et la coupe transversale MN indiquent la disposition des fermes et des galeries.

Les deux nefs centrales principales se coupant à angle droit, ont une largeur de 35m,05. Leur toiture est supportée par des fermes métalliques espacées d'environ 7m,01.

Une partie de la toiture est vitrée vers le milieu de chaque rampant.

A droite et à gauche de ces nefs, nous avons les galeries secondaires dont la toiture est très peu inclinée.

La plan nous montre la position des types différents de fermes adoptés.

Les fermes A et AA couvrent les galeries longitudinales latérales, enfin la ferme B ou ferme diagonale marque l'intersection des hautes nefs.

Le plan nous indique également la disposition des tours et tourelles T T, T_2, T_3.

A une hauteur de 9m,37 au-dessus du sol du Palais, et au pourtour de celui-ci, un plancher permet d'examiner du premier étage les merveilles électriques du Palais.

Quatre grands escaliers et d'autres plus petits donnent accès à ces galeries.

Les galeries du premier étage sont réunies par deux ponts traversant la nef longitudinale.

Ces galeries sont supportées par les poutres longitudinales P, reposant sur des piliers en bois.

Enfin, aux points principaux des façades, s'élèvent les tourelles T, T₁, T₂, T₃.

Dans les tourelles d'angles correspondant aux galeries, sont disposés des ascenseurs, permettant ainsi au visiteur une ascension rapide et facilitant la circulation.

Détails de construction

Travées E et D.

Ces travées indiquées en détail sur la planche 61-62, sont constituées par des poutres armées, entretoisées par les poutres longitudinales P.

Ces poutres armées sont construites de telle sorte, que les barres de treillis comprimées sont en bois et celles tendues, en fer.

Ces poutres E et D sont espacées de 7ᵐ,01 d'axe en axe.

Elles ont une hauteur totale de 3ᵐ,81, elles reposent sur des piliers en bois. Le pilier extrême est constitué par plusieurs pièces de bois assemblées, ces pièces sont recouvertes d'un platelage en planches formant placage.

Le pilier intermédiaire mesure $0,30 \times 0,36$ d'équarrissage et $0,20 \times 0,20$ dans la partie engagée dans la poutre.

La coupe A B montre l'assemblage des travées E et D avec la poutre longitudinale P.

La membrure supérieure comprend trois pièces de bois de $0,10 \times 0,20$ de section, de même pour la membrure inférieure, ces madriers sont réunis par des boulons de 0,019 de diamètre.

Un détail des joints dans les membrures est également indiqué.

Le roulement des poutres sur les piliers, est évité par des contrefiches de 0,20 × 0,20 de section.

Pour la travée E, les barres comprimées en bois mesurent 0,15 × 0,15 d'équarrissage et l'aiguille verticale 0,019 de diamètre.

Pour la travée D, les barres de treillis inclinées mesurent respectivement deux pièces de 0,20 × 0,15 puis une de 0,15 × 0,12 de section ; les aiguilles verticales en fers ronds, mesurent, pour la première qui est double 2 × 0,025, la seconde 2 × 0,019 et la troisième qui est simple 0,019 de diamètre.

A droite de l'axe, les mêmes dispositions se répètent jusqu'à la ferme métallique A.

Les détails 1, 2, 3, 4, représentent les sabots en fonte nécessités par les assemblages correspondants.

Poutre longitudinale P.

Sa hauteur de 3^m,81 correspond à celle des poutres précédentes, les sections des treillis en croix de St-André ont : pour le bois 0,15 × 0,15, pour les aiguilles doubles verticales, 0,019 de diamètre.

L'assemblage de la poutre longitudinale P avec la travée centrale A, est facilement obtenu en intercalant des fourrures en bois dans les ailes des fers constituant la nef métallique principale ; sur ces fourrures vient reposer la poutre, et l'on boulonne celle-ci sur celles-là.

Les membrures inférieures des poutres E, D, P, sont à une distance du sol de 14^m,33, hauteur des piliers.

Fermes AA et A.

Ces deux fermes (voir pl. 61-62) sont identiques comme disposition et proportions, leur portée est de 35^m,05, elles sont entièrement métalliques, leur écartement est de 7^m,01.

Les membrures de l'extrados sont rectilignes, celles de l'intrados sont polygonales et affectent à distance la forme courbe.

Les jonctions des membrures avec les treillis, s'opèrent au moyen de larges goussets. Cette disposition peu élégante, facilite notablement les assemblages en permettant de supprimer les fourrures.

Les piédroits de ces fermes sont disposés en treillis, analoguement à ceux des rampants. L'intrados est vertical, l'extrados est cintré.

Ces fermes sont articulées au sommet et aux pieds.

Les deux premières figures de la planche 61-62 montrent : l'une, les dimensions des échantillons des cornières en acier employées dans la construction de la ferme, l'autre indique plus particulièrement les assemblages à gousset des treillis et membrures.

La dernière figure de la même planche, représente, à une plus petite échelle, une des travées de la nef principale A.

Cette travée vue latéralement, montre la disposition du contreventement. Il se compose à la partie supérieure et à une hauteur de $23^m,06$, de deux fers ronds en croix de 0,019 de diamètre, inclinés suivant les rampants de la toiture. Ces tiges viennent se fixer à la partie supérieure de l'extrados des piédroits.

Quant aux piédroits, ils sont contreventés par deux poutres en treillis, l'une assemblée à la partie supérieure des piliers, l'autre disposée à la hauteur des galeries. Des contrefiches entretoisent solidement ces poutres aux piliers. Les échantillons de cornières employés sont indiqués sur la figure.

Ferme diagonale B.

Cette ferme est la plus considérable du Palais par sa portée qui mesure $49^m,56$, aussi les dimensions des éléments qui la composent sont-ils les plus importants.

La planche 61-62 montre la disposition de cette ferme.

Dans le calcul par la statique graphique de systèmes triangulés, on admet que les extrémités des barres des treillis sont libres, aussi pour rester strictement en concordance avec les hypothèses admises, on a tenu à l'exécution des articulations.

La membrure supérieure qui est comprimée, est formée de 4 cornières de 0,76 × 0,76 et de plates-bandes dont les dimensions varient de 0,41 × 0,011 à 0,25 × 0,013.

Les articulations viennent se disposer entre les plates-bandes qui reçoivent, dans ces intervalles, les extrémités des treillis.

On remarquera sur la figure que, parmi les barres de treillis inclinées, les premières, voisines des piédroits, sont méplates et correspondent aux barres tendues ; quant aux montants verticaux comprimés, ils sont exécutés en fers cornières. Vers l'axe de la ferme, par suite du changement de sens du moment fléchissant, c'est l'inverse qui a lieu : les barres de treillis inclinées, sont comprimées et exécutées en cornières, tandis que les montants verticaux sont tendus et exécutés en fers méplats.

PALAIS DES MINES

1° ARCHITECTURE

Ce Palais n'est pas situé aussi avantageusement que les autres ; il est masqué, en grande partie, par les bâtiments de l'Électricité et des Transports, et quoique son extrémité Sud soit en façade sur un archipel d'îlots, elle est encore cachée, en partie, par la station du chemin de fer. Son architecte, M. S. S. Beman, de Chicago, a abandonné franchement les traditions purement classiques, pour obtenir une adaption de la forme à l'usage, des moyens au but, en entière conformité avec l'esprit pratique, sans fantaisie, mais sans sacrifier cependant aucune des qualités essentielles de l'art.

Le Palais des Machines mesure 213^m,36 de longueur et 106^m,78 de largeur. Son architecte trouva convenable, pour des raisons exposées ci-après, de choisir pour module général de sa construction, la valeur de 6^m,55. L'espace intérieur du Palais devait être occupé, en grande partie, par des minerais massifs, par de lourdes et hautes machines ainsi que par d'autres ouvrages volumineux exigeant un long espace et une hauteur libre considérable ; l'emplacement principal devait donc être constitué par une nef centrale, ouverte et sans colonnes. De ces considérations, on a déduit le programme de la construction du Palais.

Dans des conditions similaires, la « Pulmann Company » avait couvert de grands espaces libres. M. Beman fut conduit à appliquer ce procédé qui s'adaptait entièrement aux conditions actuelles. Il devint ainsi possible de couvrir une surface mesurant 70^m,1 $\times$ 176^m,8 (18^m,27 étant réservés au pourtour de la nef principale).

On adapta un système de fermes courantes, en forme de consoles équilibrées, couvrant une galerie longitudinale centrale. Ces fermes sont supportées par deux rangées de colonnes en acier, espacées longitudinalement de 19^m,65 d'axe en axe (soit trois modules) et transversalement de 35 mètres. Les extrémités des fermes sont encastrées, à la façon des consoles, sur deux rangées correspondantes de colonnes placées à 17^m,82 des premières. Il serait difficile d'imaginer une distribution plus simple et plus économique de la construction. La hauteur de ces fermes est de 28^m,65 au faîtage et de 13^m,40 aux extrémités inférieures de chacun des rampants.

Le but pratique de la construction étant ainsi heureusement atteint, l'architecte entoura cette nef centrale d'un système d'ailes à deux étages de 18^m,29 de largeur, qui furent recouvertes d'un toit continu avec lanterneau. Ces ailes comprennent trois travées de 6,096. La travée centrale est couverte par une toiture à deux rampants ; elle est plus élevée afin de faciliter l'éclairage des étages supérieurs au moyen de châssis vitrés placés longitudinalement. De part et d'autre de cette travée, les deux autres viennent se disposer en appentis.

La conjonction des toits, à l'intersection des ailes et de la nef centrale, forme un double rampant où l'eau de pluie est reçue ; elle est recueillie dans un chéneau supporté par la ligne extérieure des colonnes principales ; des descentes d'eau disposées le long de ces colonnes permettent de rejeter, par canalisation, les eaux hors du Palais.

Quelque riche ou pauvre que soit le caractère décoratif adopté sur les façades d'une construction de cette sorte, l'artiste, pour rester dans le domaine de la bonne architecture, doit faire découler rationnellement sa décoration des conditions de la structure intérieure du Palais, afin qu'elle accuse, en quelque sorte à l'extérieur, l'expression du but à remplir. D'autre part, cet édifice étant placé au milieu de l'ensemble des monuments de l'Exposition, dont il représentait une des parties importantes, il était essentiel, pour qu'il ne nuisit pas à l'harmonie générale, que des adaptations décoratives appropriées fussent correctement faites afin de rehausser le caractère architectonique du Palais. On fit quelques concessions dans ce but, car il eut pu sembler que la nature relativement grossière et lourde des objets exposés, conduisit à une conception massive pour l'extérieur, et que le langage architectural employé dût être absolument l'expression de cette idée.

La disposition inusitée des supports intérieurs devait être exprimée, dans le tracé architectural extérieur des façades, par une distribution correspondante de piliers, empreinte de proportions aux assises massives élevées : par exemple, en maçonnerie rustique. Afin d'ajouter de la vigueur à ces contreforts expressifs, l'entablement de la construction se profile en saillie autour d'eux. Ils sont surmontés de socles décorés supportant des hampes et bannières. Des considérations de proportions ont conduit à donner à ces piliers une largeur de 3^m,05. Quant aux larges intervalles entre ces piliers, ils sont divisés par arcs surbaissés, d'un module chacun, correspondant à la distance des supports de plancher des galeries latérales. Les divisions et subdivisions de ces baies sont bien la conséquence logique de la structure intérieure du Palais, et non le résultat d'un caprice.

La nécessité d'établir les façades Nord et Sud de ce Palais, à la même échelle en hauteur que celle des autres monuments de la cour d'honneur, pouvant servir de terme de comparaison, conduisit à une hauteur de corniche plus grande de 3^m,35 que celles des façades longitudinales.

Les deux façades latérales sont ainsi converties en deux élévations différentes et distinctes comprenant sept grandes baies; celles des angles et celle du centre sont accusées par des pavillons, dont les premiers ayant 18^m,29 de largeur, correspondent à la largeur de chacune des galeries placées derrière eux; les seconds qui, pour ces considérations de proportions, ont 24^{m}38 de large, forment les portails principaux de la construction.

L'échelle plus grande des façades Nord et Sud et leur caractère plus monumental, a suggéré l'idée d'accuser les sept baies par des arcs plein cintre au lieu d'arcs surbaissés. Les baies des pavillons d'angle sont fermées par des fenêtres, tandis que les intermédiaires sont ouvertes, et forment loggia au premier étage et portique au rez-de-chaussée. La baie centrale formant naturellement porte monumentale, on a été conduit à disposer son entablement bien plus haut que la corniche courante, et à le surmonter d'un fronton richement décoré. La grande hauteur et le développement de cette partie de la construction dissimulent le pignon extrême du grand hall qui n'apparait que de loin et en perspective. Les pavillons d'angle sont couverts de dômes supportant des lanternes circulaires.

Afin d'obtenir une harmonie entre les masses monumentales formant les extrémités des façades latérales, et les longues façades formant les côtés Est et Ouest, il était nécessaire de disposer, pour les baies centrales de ces côtés, une entrée principale proportionnée aux masses attenantes.

Les profils des entablements furent disposés au même niveau. Ceux des pavillons d'angle furent surmontés d'un fronton. Les arcades centrales furent ainsi traitées comme des entrées secondaires, placées au milieu des façades longitudinales, par rapport à celles des façades latérales.

Le modelage architectural de cette construction a été exécuté dans les ateliers de la Phillipson Decorative Company de Chicago.

2° CONSTRUCTION

Fondations

Les fondations du Palais des Mines sont en bois comme toutes celles de Jackson-Park.

Après une série de sondages, on s'arrêta à un sol sableux sur lequel on disposa un radier en bois.

On n'a pas dépassé pour cette partie du sol de l'Exposition une pression de 1 kilogramme environ, par centimètre carré.

Description de l'Ossature

La planche 63-64 donne en coupe transversale, la disposition de la structure du Palais des Mines

L'ossature du bâtiment est composée de huit fermes principales, d'une largeur totale d'environ 70 mètres.

Ces fermes offrent des dispositions qui, jusqu'ici, n'avaient pas été employées. Elles sont établies suivant le système actuellement usité pour certains grands ponts métalliques ; leurs piliers solidaires de la partie centrale du comble, sont comparables à d'immenses consoles équilibrées.

De plus, toute leur partie métallique est constituée par des panneaux dont toutes les diagonales sont articulées à leurs extrémités.

Cet emploi des articulations permet une grande facilité de montage, et il évite la nécessité de river les pièces sur place.

En outre, cette façon de concevoir les charpentes métalliques comme des systèmes articulés, est entièrement d'accord avec les hypothèses adoptées dans les calculs.

Les constructeurs américains emploient, en effet, beaucoup la *Statique graphique* pour déterminer les efforts d'extension ou de compression, qui agissent dans les membrures et treillis composant leurs grandes constructions métalliques. Après avoir déterminé ces efforts, par ce procédé graphique, ils en déduisent les dimensions des pièces, par l'application des formules de la *résistance des matériaux*.

La nef centrale du Palais des Mines mesure environ 175 mètres de longueur sur 70 mètres de largeur et 30 mètres de hauteur. La charpente du comble repose sur seize principales colonnes métalliques distantes de 19^m,647, suivant la direction longitudinale du bâtiment, et de 25^m,05 suivant la direction transversale.

Entre ces colonnes et les galeries latérales, il reste un espace libre de 17^m,525.

Ces galeries ont une hauteur de 13^m,40,

Au milieu de chacune des façades, à la suite des spacieux vestibules d'entrée, de larges escaliers conduisent aux galeries du premier étage. Ces galeries sont éclairées par des fenêtres latérales.

Le comble présente, en outre, de larges parties vitrées.

Les portes principales disposées en plein cintre ont leurs tympans et leurs pilastres latéraux, décorés de groupes allégoriques et d'ornements rappelant, par leurs attributs, les emblèmes miniers, métallurgiques et les industries qui s'y rattachent.

Les extrémités du Palais, comme nous l'avons indiqué précédemment, sont accusées par quatre pavillons carrés, surmontés de dômes surbaissés.

Une partie des objets exposés dans ce bâtiment, tels que les collections de marbres, servent à son ornementation intérieure.

Les plafonds des loggias et galeries divisés en caissons, sont en effet décorés de marbres de couleurs et de motifs en staff.

Ferme principale

(Planche 65-66-67-68)

La ferme principale est composée de trois parties distinctes : les bas-côtés et la nef principale qui comprend elle-même un lanterneau surélevé.

L'ossature des bas-côtés comprend six panneaux par ferme. Chacun de ces panneaux mesure environ 2^m,92 de largeur et des hauteurs variables. Ces panneaux sont formés de montants verticaux, de membrures supérieure et inférieure et de croisillons. Les éléments aboutissant au sommet de ces panneaux sont articulés.

Le premier panneau, voisin des galeries extérieures, a sa membrure inférieure composée d'une âme en fer plat, mesurant 457 millimètres de largeur sur 6 millimètres d'épaisseur. Cette âme est renforcée de cornières à ailes inégales, mesurant 152 × 89 millimètres sur 8 millimètres d'épaisseur. La membrure supérieure, en forme de caisson ajouré, est composée de plates-bandes de 305 millimètres de longueur sur 6,3 millimètres d'épaisseur. Ces plates-bandes sont maintenues par quatre cornières de 76,2 × 76,2 millimètres sur 6,35 × 6,35 millimètres d'épaisseur.

Les plates-bandes constituent deux des côtés de la membrure, les deux autres sont formés d'un lattis en fers plats de 57 millimètres de large sur 9,5 millimètres d'épaisseur.

Les montants sont constitués de la façon suivante :

Le premier, par le pilier extérieur qui comprend comme élément deux plates-bandes mesurant 406 millimètres de largeur sur 9 d'épaisseur, et quatre cornières de 76×76 millimètres.

Le second montant du panneau est formé de fers en U mesurant 152 millimètres de hauteur ; le poids de ces fers est de 3 k. 17 par mètre linéaire.

Le panneau suivant a sa membrure supérieure constituée comme celle du panneau précédent ; sa membrure inférieure est composée de deux plates-bandes mesurant 305 millimètres d'épaisseur sur 8 de largeur et de 4 cornières de 76×76 millimètres de largeur d'ailes sur 9 millimètres d'épaisseur ; le lattis en fers plats maintenant l'écartement de ces plates-bandes renforcées de cornières, mesure 51 millimètres de largeur sur 8 d'épaisseur.

Le montant droit de ce panneau est constitué par deux fers en U mesurant 22,9 millimètres de hauteur et pesant 6 k. 34 au mètre linéaire. Quant aux diagonales, l'une comprend deux fers ronds de 35 millimètres de diamètre, l'autre deux barres plates de 101 millimètres de largeur sur 2 centimètres d'épaisseur.

Le troisième panneau, semblable au précédent, a sa membrure supérieure de dimensions identiques au second panneau ; sa membrure inférieure est composée de fers plats de 9 millimètres d'épaisseur, de cornières et de lattis de dimensions égales au dernier panneau décrit. L'une des diagonales est en fers ronds de 19 millimètres de diamètre, l'autre en barres plates de 76 millimètres de largeur sur 25 millimètres d'épaisseur.

Le quatrième panneau a sa membrure inférieure parallèle à l'élément précédent correspondant ; la membrure supérieure est également analogue à celle précédente. L'élément vertical de droite comprend deux fers en U de 22,9 millimètres pesant 9 k. 068 au mètre linéaire.

Les croisillons sont composés l'un de deux fers ronds de 32 millimètres de diamètre, l'autre de deux fers plats de 76 millimètres de largeur sur 13 d'épaisseur.

Le cinquième panneau a ses membrures supérieure et inférieure constituées d'éléments semblables aux éléments correspondants du panneau précédent ; le montant de droite est en fers en $\sqcup$, de 22,9 de hauteur, pesant 5 k. 900 au mètre. Les croisillons sont, l'un en fers ronds de 41 millimètres de diamètre, l'autre en barres plates de 76 millimètres de largeur sur 2 centimètres d'épaisseur.

Le sixième panneau est totalement différent des précédents. Sa membrure supérieure est simplement constituée par deux barres plates de 127 millimètres de largeur sur 2,7 millimètres d'épaisseur ; la membrure supérieure est formée de deux plates-bandes mesurant 305 millimètres de largeur sur 19 millimètres d'épaisseur, et de lattis en fer plat de 51 millimètres de largeur sur 8 millimètres d'épaisseur.

Ces éléments sont renforcés aux angles, par quatre cornières à ailes égales, de 76 × 76 millimètres sur 9 millimètres d'épaisseur.

Ce panneau est raccordé au pilier principal de la ferme, par une membrure courte formant console, constituée d'une plate-bande mesurant 457 millimètres de largeur sur 6 millimètres d'épaisseur, et renforcée de quatre cornières à ailes inégales de 152 × 89 millimètres sur 9 millimètres d'épaisseur.

Les détails des articulations de la membrure supérieure, sont indiqués sur la planche 65-66-67-68 en U_0, U_1, U_2, U_3, U_4, U_5, U_6 ; les détails des articulations de la membrure inférieure sont indiqués en L_1, L_2, L_3, L_4, L_5.

La demi-ferme de la partie principale de la grande nef, comprend quatre panneaux.

Le premier est construit de la façon suivante ; l'un des montants est le prolongement du pilier principal.

Le pilier principal en forme de caisson, dont la coupe est indiquée sur la planche 65-66-67-68, est constitué d'une part, de deux plates-bandes mesurant 768 millimètres de largeur sur 11 millimètres d'épaisseur, et d'autre part, de plates-bandes de 457 millimètres de largeur sur 8 millimètres d'épaisseur. Cet ensemble est renforcé, aux angles de quatre cornières ayant 102 × 102 millimètres de largeur d'ailes, sur 6,4 millimètres d'épaisseur.

Le second montant du premier panneau, est formé par deux fers en U de 22,9 millimètres de hauteur pesant 5,8 kilogrammes au mètre courant. Ces fers sont réunis par un lattis en barres plates de 51 millimètres de largeur sur 8 millimètres d'épaisseur. La membrure supérieure du panneau mesure comme les suivantes, 2^m,79 de longueur ; elle comprend deux barres plates de 127 millimètres de largeur sur 2,7 millimètres d'épaisseur.

Les croisillons comprennent quatre fers ronds. Deux de ces tiges mesurent 19 millimètres de diamètre; les deux autres, 34 millimètres. La membrure inférieure est constituée par deux plates-bandes de 305 millimètres de largeur sur 9 millimètres d'épaisseur, renforcées de quatre cornières à ailes égales de 76,2 × 76,2 millimètres de largeur.

Le panneau suivant a sa membrure inférieure semblable à celle du panneau précédent, sauf les plates-bandes qui n'ont que 8 millimètres d'épaisseur. La membrure supérieure comprend deux barres plates de 127 millimètres de largeur sur 25 millimètres d'épaisseur ; le montant vertical de droite est en fers en U de 229 millimètres de hauteur, pesant 6 kilogrammes au mètre. Ces fers sont maintenus par un lattis de fers plats ayant 51 millimètres de largeur sur 8 millimètres d'épaisseur. Les diagonales en fers ronds ont, pour les deux premières, 25 millimètres de diamètre, et, pour les deux autres, 19 millimètres de diamètre.

Le troisième panneau a sa membrure supérieure, constituée par deux barres plates de 106 millimètres de largeur sur 10 millimètres d'épaisseur. La membrure inférieure semblable à la précédente n'en diffère que par les plates-bandes qui n'ont ici que 6 millimètres d'épaisseur. Ce panneau différant des précédents ne comprend qu'une diagonale en fers plats de 76 millimètres de largeur sur 47 millimètres d'épaisseur. Le montant vertical de droite est en fers en U, mesurant 229 millimètres de hauteur et pesant 5,8 kilogrammes au mètre courant.

Le quatrième panneau a sa membrure supérieure en fers en U. Ces éléments ont 152 millimètres de hauteur et pèsent 4,8 kilogrammes au mètre linéaire.

La membrure inférieure est identique à la précédente.

La diagonale en fers plats mesure 162 millimètres de largeur sur 2,7 millimètres d'épaisseur.

Les détails des articulations de ces quatre panneaux, sont indiqués sur la planche 65-66-67-68, en U_6, U_7, U_8, U_9 pour la membrure supérieure, et en L_7, L_8, L_9, L_{10} pour la membrure inférieure.

Le lanterneau comprend six panneaux, la partie supérieure comprend deux cornières de 101 × 76 millimètres, la membrure inférieure comprend deux cornières de 76 × 76 millimètres.

Les treillis inclinés ont été constitués par des cornières de 76 × 76 millimètres.

PALAIS DES TRANSPORTS

1° ARCHITECTURE

Le Palais des Transports qui s'élève à l'Ouest de celui des Mines, devait être nécessairement placé à proximité du réseau des voies ferrées. Le caractère des objets à exposer, a guidé les architectes pour dresser le plan de cet édifice.

Comme la plus grande partie de cette exposition des transports est relative au matériel des chemins de fer, il a fallu prévoir un ensemble de tronçons de voies dans le palais. La meilleure disposition que l'on ait trouvée, pour satisfaire à cette condition, fut de placer une série de ces tronçons, parallèlement les uns aux autres, à une distance de 4m,88 d'axe en axe et de les diriger normalement à la ligne médiane longitudinale du bâtiment.

Deux paires de rails, ainsi distancées l'une de l'autre, correspondèrent à un écartement total des baies mesurant 9m,76. C'est cette longueur qui devint le module des proportions de tout le bâtiment.

L'emplacement mis à la disposition des architectes, MM. Adles et Sullivann, de Chicago, leur a permis de donner à la longueur du palais, une dimension égale à trente modules, et, à la largeur, une dimension égale à huit modules.

La surface occupée en plan mesure 292m,5 de longueur sur 77m de largeur, sans compter un espace triangulaire situé à gauche entre le palais et les limites du parc. Cet emplacement fut destiné à des installations auxiliaires, notamment au gros matériel roulant.

En étudiant la couverture et l'éclairage du palais, les architectes trouvèrent convenable de donner à la largeur de la nef centrale, une dimension de trois modules ; cette grande nef devant d'ailleurs permettre l'aménagement et l'installation de toutes les machines, entre autres les ascenseurs qui exigent beaucoup de hauteur. Il restait donc, pour chacun des bas-côtés, deux modules et demi, ce qui suffisait amplement pour l'exposition de tous les autres modes de transports, par eau ou par terre.

L'éclairage se fait en grande partie par le haut; l'élévation de la nef est cependant suffisante pour permettre le percement de deux rangées latérales de baies vitrées : la partie supérieure de ces ouvertures étant en plein cintre. Des conditions économiques ont empêché les architectes de donner à ces baies l'ornementation qu'ils auraient désiré. Cependant ils disposèrent une série de motifs décoratifs sur la frise qui s'étendait autour de la nef.

Ils représentèrent, en bas-relief, tous les modes de transport depuis les temps les plus reculés jusqu'à nos jours. En analysant, dans ses grandes lignes, le caractère architectural qu'a revêtu l'Exposition de Chicago, nous avons voulu montrer que la plupart des bâtiments qui la constituent, ont été disposés et distribués en tenant compte des nécessités afférentes, à chaque Palais, et qu'ils n'ont pas été créés simplement à l'aide de formules purement conventionnelles. Toutefois, la pondération d'un édifice étant le résultat combiné de la construction et de la décoration, de la science et de l'art, chacun de ces palais porte nécessairement le cachet de son auteur: telle une même idée peut revêtir une foule de formes originales et distinctes, les unes sévères et sobres, les autres légères et brillantes. C'est ce qui ressort nettement de l'examen du Palais des Transports.

La disposition en plan étant adoptée, la surface à couvrir a été entourée d'un mur, évidemment percé de baies ayant pour distance d'axe en axe, le module de dimensions adoptées et d'une hauteur permettant l'entrée des locomotives. Ces baies ne durent pas être assez larges pour transformer la façade en colonnade ou en série d'arcades, car tel n'est pas le caractère de la construction, les piliers furent conservés aussi larges que possible. D'autre part, on donna à ces baies une hauteur suffisante pour permettre l'éclairage ; mais, en conservant au bâtiment la hauteur strictement nécessaire pour les besoins de l'Exposition, on n'avait au-dessus des baies qu'une hauteur de mur insignifiante; aussi pour que le bâtiment ne paraisse pas moins bas comparé aux autres palais, on l'éleva de 3 mètres, ce qui porta sa hauteur totale à 16 mètres.

Enfin pour décorer ce mur tout uni et lui donner du relief, on a fait courir le long de sa partie supérieure une corniche bien saillante. Pour donner à l'ensemble un caractère de solidité et de stabilité, tout en évitant la lourdeur, on disposa les baies de telle façon, que les arêtes d'intersection des ouvertures avec le nu du mur de face, au lieu d'être vives et à angles droits, présentèrent des redans formant une série de moulures, successivement en creux, toujours de plus en plus petites et concentriques, ainsi que le faisaient les architectes dans le style roman et le style ogival.

Il fallait, avons-nous dit, à la façade principale du palais une longueur totale correspondant à trente écartements de baies d'axe en axe. Comme on devait prévoir dans cet espace une grande porte d'entrée au centre, et que d'autre part, on ne pouvait faire des demi-baies aux extrémités, les portions extrêmes des façades présentèrent des trumeaux plus larges sans que l'on eut besoin de recourir aux pavillons d'angle conventionnels, qui, dans le cas actuel, n'étaient pas justifiés. Mais en disposant ainsi l'élévation principale du Palais, le mur de face paraissait peu élevé, d'aspect sévère et sans relief.

Pour obvier à cet inconvénient, on suréleva la nef centrale de manière à attirer les regards sur elle, afin de rompre la monotonie de l'ensemble.

Les murs de cette partie du palais ont été, comme le mur extérieur, percés d'ouvertures correspondant à celles de ce dernier, mais moins larges et en nombre double cette division en un plus grand nombre d'ouvertures donna un aspect de légèreté à la nef centrale qui, de cette façon, sembla plus élevée.

Toutes ces baies ont été couronnées d'ailleurs par une corniche unique. A l'aide de motifs décoratifs on a habillé la nudité de toutes ces surfaces. Devait-on choisir ces motifs et ces moulures dans le style de la Renaissance ou, au contraire, imiter le style de l'Alhambra, et considérer ces larges surfaces de mur, base de notre type architectural, comme étant éminemment propres à être sculptées et taillées en creux plutôt qu'en relief? Ce dernier mode de décoration a paru plus d'accord avec le type du bâtiment.

L'exemple des nations orientales est, sur ce point, très instructif, et on a apprécié les résultats obtenus de cette manière, non-seulement par les Maures d'Espagne, mais encore par l'art Mahométan dans les mosquées du Caire, ainsi que par l'art Indien dans les tombeaux d'Agra.

Pour compléter le système décoratif on a, par la variété et le contraste

des couleurs, obtenu des effets d'opposition en rapport avec le caractère
de fête de ce bâtiment d'Exposition, sans qu'il soit d'ailleurs dérogé aucunement au double caractère d'ampleur et de stabilité qui en fait le
fond.

La sobriété des ornements s'imposait donc : ce n'est ni un palais d'O-
rient ni un tombeau indien que l'on avait à faire, mais un palais industriel.

La façade Ouest ou arrière de notre bâtiment, a été occupée ou dissimulée par des annexes; les extrémités Nord et Sud sont situées de telle
manière que les baies d'entrée y sont nécessairement d'importance
secondaire. Mais, au centre de la façade Est, vis-à-vis des lagunes et en
face du centre Ouest du Palais des Arts libéraux ; on a nécessairement
ménagé un grand portail d'accès. Sa composition a été conçue dans le
même ordre d'idées que l'autre partie principale, mais en s'inspirant ici
des créations dues aux artistes mogols, telles que la grande mosquée
de Delhi, ou le Taj-Mehal d'Agra.

Ce portail est constitué par un massif cubique à toiture plate percé
d'une baie profonde et cintrée, décoré à profusion d'arabesques et d'en-
trelacs. Le massif principal est couronné d'une corniche surmontée
d'une large frise massive décorée.

Le rétrécissement de la baie a été opéré d'une manière analogue à
celle des arcades de l'époque sarrazine, afin de diminuer cette immense
ouverture et de la ramener à des dimensions convenables de porte d'entrée. Pour rehausser l'éclat de ce portail, on le dora: ce qui lui valut le
surnom de « Porte d'Or ».

Ensuite, le long des murs de face, mais d'une manière plus sobre,
on continua les motifs de décoration du portique, plus particulièrement
sous la corniche et sur les piliers des baies. Enfin, pour dissimuler la
saillie considérable du pavillon central sur le reste de la construction,
on a garni les côtés de terrasses, de balcons, etc., avec escaliers d'accès;
sur chaque terrasse on éleva de petits kiosques d'angle inspirés de l'architecture mogole. Les entrées à chaque extrémité ont été disposées dans
des petits pavillons en saillie sur le reste de la construction. Ces petits
pavillons furent, comme le grand pavillon central, richement décorés
et couverts d'une toiture plate, afin de former terrassons avec escaliers
d'accès.

Au centre de la grande nef, on a disposé de grands ascenseurs, qui
permirent, au moyen de passerelles, de traverser la nef et donnèrent

accès au second étage du palais, ainsi que sur la grande terrasse située au-dessus du portail central.

Un ascenseur principal permettait l'accès du balcon supérieur qui entourait une sorte de petit dôme central, disposé au milieu de la nef principale; cette dernière partie de même style que le reste du bâtiment, est le motif dominant du Palais. Les éléments des arabesques décoratives de l'édifice étaient constitués principalement de feuillages.

Les sujets allégoriques rappellent la destination même de la construction, dont le style est tout différent de ceux des autres palais de la grande cour de l'Exposition.

L'Architecture de ce monument n'est pas une simple copie archéologique, c'est une adaptation aux exigences modernes, de principes qui ont été la conséquence de l'évolution des styles les plus purs dans l'histoire de l'art.

Les bas-reliefs et motifs du bâtiment représentant les moyens de transport d'un autre âge, montrent le progrès des connaissances humaines.

2° CONSTRUCTION

Fondations

Les fondations du Palais des Transports sont établies dans les mêmes conditions que celles du Palais de l'Agriculture ; le sol étant mouvant et peu consistant, on fut obligé de construire tous les points d'appui sur pilotis ou sur plates-formes en bois.

Description de l'Ossature

La structure de ce Palais se divise en deux parties : la nef principale et les bas-côtés. La charpente est mixte, c'est-à-dire composée de bois et fer, les planches 69-70 et 71-72 indiquent nettement les plans, coupes, détails et la disposition de son ossature.

La coupe transversale donne la disposition des fermes A de la grande nef et B des façades des bas-côtés.

La portée de la ferme A, est environ de 28ᵐ,50, et sa hauteur sous faîtage de 7ᵐ,16 ; elle s'élève du sol à une hauteur de 28 mètres environ, de telle sorte, que cette partie de nef a son sommet à une hauteur de 36 mètres environ.

L'ensemble de la nef comprend vingt-quatre fermes semblables A.

Quant aux fermes B, elles sont au nombre de vingt-six sur les façades longitudinales. Deux demi-fermes complètent cette ossature. La portée de chacune de ces fermes est d'environ 23 mètres hors œuvre ; leur hauteur sous faîtage : de 5ᵐ,64 : elles s'élèvent à 8ᵐ,53 du sol ; la distance du sol au sommet, est de 14ᵐ,30.

Chaque retombée de ferme correspond à un trumeau des faces inférieures ; leur distance d'axe en axe est de 9ᵐ,753.

Les façades en retour comprennent chacune quatre fermes de mêmes portée et hauteur ; le plan de l'ossature de la planche 69-70, indique leur écartement ainsi que celui des demi-fermes.

L'intersection des deux versants de chaque comble, donne naissance à deux arêtiers de chaque côté ; nous les trouvons désignés en plan par les lettres D pour la grande nef, et G pour les côtés : la ferme D a 19^m,50 de portée, la ferme G a 30 mètres environ. Pour contrebalancer l'effet de la poussée et effectuer le contreventement, on relia les fermes A de deux en deux, en différentes parties par des croisillons, ainsi que les fermes B des côtés et des façades en retour, comme l'indiquent la planche 71-72.

La ferme A offre une partie vitrée suivant toute la longueur de la nef ; il en est de même dans les galeries de côté ; un châssis vitré sert à éclairer le premier étage.

Ces châssis se continuent sur les façades en retour.

Au centre de la nef se trouve le campanile qui caractérise le Palais des Transports il est figuré au plan de l'ossature en x, x ; sa base repose, d'une part, sur les arbalétriers de la ferme J, et, d'autre part, sur les pannes x, x. Les détails de cette partie de l'ossature de la grande nef, sont figurés en coupe sur A B (planche 71-72) ; on y voit tous les assemblages principaux de la construction et la manière dont la jonction de cette partie s'opère avec les fermes de la nef.

Chaque ferme A, B, C, repose sur les abouts de poteaux en bois, reliés entre eux par des moises et des boulons ; le tout est recouvert d'un enduit en plâtre. Ces poteaux se trouvent moisés par des madriers, avec les entraits et les semelles des fermes A, B et C, tel, d'ailleurs, qu'il est figuré planche 71-72, des moises, également en madriers, relient de deux en deux ces poteaux en bois, pour former sablières, avec écharpes et tournisses, facilitant le remplissage en maçonnerie apparente, et donnant la solidité désirable.

La masse de cette maçonnerie repose, à hauteur du premier étage, sur une série de poitrails soutenus par des colonnes en fonte noyées dans la maçonnerie, permettant ainsi le dégagement et l'ouverture des grandes baies inférieures.

Chacune de ces colonnes repose, à son tour, sur un bloc en pierre, avec cales, fortes cornières et goujons en fer ; le tout bien assis sur un fort massif en béton reposant, à son tour, sur le plancher en madriers des pilotis.

Les galeries du premier étage sont reliées entre elles par des ponts d'une seule venue, dont les extrémités sont soutenues par des poteaux en bois. Voir la coupe transversale.

On accède à ces galeries par des escaliers spéciaux ou par des ascenceurs ; le plancher des dites galeries est fait en solives de fer apparentes, les entrevous sont en briques.

Grande Nef

Les principaux détails des fermes A de la grande nef, sont figurés sur la planche 71-72 ; chacune de ces fermes est composée d'éléments en bois et fer.

L'ossature de chaque ferme comprend :

1° Un entrait composé de trois fortes poutres en bois, de toute la largeur de la nef, assemblées entre elles par des plates-bandes et des boulons. Cet entrait repose sur une forte semelle x maintenue avec ce dernier par un assemblage à clés, tel qu'on le voit sur la planche 71-72.

2° Deux arbalétriers, composés chacun de quatre pièces de bois, s'assemblent avec l'entrait au moyen de boulons et de cornières ; à hauteur du faîtage ; leurs abouts sont reliés par des sabots en fonte appropriés, ainsi que l'indique le détail 2 de la planche 71-72 ;

3° De sept contrefiches en bois indiquées en 6, 7, 8, assemblées avec les arbalétriers, et l'entrait.

Pour donner à ces contrefiches plus d'épaulement, on se servit d'une sorte d'équerre en fonte, comme l'indique le détail 7 ;

4° De six treillis en fer cornière ; on les remarque en 3 a, 7 a, 4 a, 8 a, 5 a, 2, etc.

Le dernier treillis devant soulager la poussée de l'arbalétrier, vient se prolonger jusque sur les poteaux montants, constituant ainsi une jambe de force. Cet élément mixte est composé d'une pièce en bois, contre laquelle s'appliquent des tirants en fer, avec œils à dilatation ; reposant sur le dernier poteau par une équerre. Ces tirants s'assemblant avec l'entrait et le dessus des arbalétriers, ainsi que l'indique le détail 7 c, les détails 3 a, 3 b, 7 a, 7 c, montrent le mode des assemblages correspondants.

La jambe de force est soulagée à son extrémité, par un corbeau en chêne, assemblé avec les poteaux montants. Les détails du treillis suivant sont indiqués en 4 a, 8 a.. Quant au treillis 5 a, 2, il est constitué simplement par des fers ronds assemblés et reliés à l'entrait et aux arbalétriers, à l'aide de sabots en fonte boulonnés et ancrés sur le bois ;

5° Six pannes en sapin soutenues sur les arbalétriers par des fortes cornières avec tire-fonds ;

6° Deux sablières en sapin indiquées en 1, soutenues sur les arbalétriers par des cornières en fer ;

7° Un faîtage en sapin s'adaptant, au sommet des arbalétriers, dans une tête métallique appropriée, figurée en 2, disposée en vue d'empêcher le glissement : une aiguille en fer rond reliée aux arbaletriers et à l'entrait soutient ce dernier en son milieu ;

8° Des chevrons brochés sur les pannes et s'arrêtant à l'avant dernière, afin de pouvoir établir le châssis vitré.

Le plan des arbalétriers indique la façon de fixer les croisillons pour combattre l'effet du vent sur la toiture et contreventer l'ensemble.

Le plan de l'entrait figure les abouts de chaque pièce et la manière de les assembler entre elles.

Nous ne rappellerons pas les dimensions des différentes pièces d'assemblages de ces fermes ; elles sont figurées sur l'ensemble de la planche 71-72. Nous remarquons que dans les fermes A, les contrefiches sont éloignées également les unes des autres, de 3m,66 d'axe en axe.

Pour éviter les disjonctions des abouts des pièces de bois, on s'est servi de sabots en fonte sur lesquels ces divers éléments viennent se fixer.

Fermes B

Comme nous l'avons dit, les fermes B avaient près de 23 mètres : leur construction est analogue à celle des fermes précédentes ; elles sont moins élevées. Comme elles, ces fermes ont à supporter plus d'efforts de compression, on remarquera, (pl.71-72), qu'elles reposent sur les cinq poteaux montants. L'entrait est semblable à celui de la ferme A ; les contrefiches ont été renforcées et les treillis se composent aux extrémités des fermes, d'un fer rond. Les détails 1, 2, 3, 4, 5, 6, 7, 8, 9, 10, 11 de la planche 71-72, indiquent clairement les pièces d'assemblages qui ont servi à les consolider ; nous remarquons que les dimensions de ces pièces diffèrent, en raison des efforts qu'elles ont à supporter.

Ferme C

La ferme C est celle d'arêtier des deux versants des façades latérales et des retours. Comme elle se trouve en diagonale, sa portée est évidemment plus grande ; c'est-à-dire qu'elle présente 30 mètres de largeur environ.

Sur les détails de la planche 71-72, nous voyons que sa construction est semblable à celle des fermes que nous avons décrites précédemment.

PALAIS DE L'HORTICULTURE

1° ARCHITECTURE

Le Palais de l'Horticulture est placé dans un site merveilleux, sur les bords des lagunes auxquelles il fait face, et dont il n'est séparé que par la bande de terrain réservée au département des fleurs ; les jardins et parterres de cette Exposition s'étendent sur toute la façade du Palais qui a 305 mètres de longueur.

MM. Jenney et Mundie, de Chicago, ont été choisis par la Commission de Jackson-Park comme Architectes du Palais de l'Horticulture. L'emplacement réservé à cette construction avait une profondeur totale de 76 mètres.

Se basant sur les études antérieures et les résultats acquis par l'expérience, les Architectes du Palais de l'Horticulture se sont inspirés, dans l'étude de leur projet, du type des grandes serres des parcs et jardins des capitales de l'Europe.

Ce bâtiment possède bien la caractéristique de sa destination : il est formé d'une série de galeries légères à étage, dont les toitures vitrées ont une largeur variant entre 15 et 21 mètres, et dont la hauteur ne dépasse pas 6m,80, afin de ne pas masquer les jardins qu'elles environnent. Toutefois, comme cette hauteur eut pu sembler minime à côté de celle des bâtiments environnants, dont l'élévation est triple, et pour compenser l'écrasement qui serait résulté de la comparaison, les Architectes décidèrent d'élever au bout de ces galeries, au Nord et au Sud, des pavillons ayant 15 mètres de hauteur environ. Une pareille élévation a permis d'y placer deux étages qui répondent à la nécessité d'exposer une série de petits échantillons, grains, fruits, etc. ; en outre, on y a installé des restaurants d'où la vue découvre, du premier étage, le superbe panorama qu'encadre l'immensité du lac.

En résumé, l'aspect du Palais de l'Horticulture est celui d'une immense serre, composée de deux galeries parallèles aboutissant à des pavillons plus élevés ; elles sont reliées entre elles par d'autres galeries plus basses, dans l'intervalle desquelles on a réservé une cour à ciel ouvert.

Afin de rompre la monotone uniformité qui eut résulté de cette longue suite de bâtiments semblables, les Architectes ont placé, au centre de leur construction, un corps de bâtiment plus élevé et l'ont couvert d'un dôme vitré ; cette partie du Palais se trouve au centre des galeries, en arrière du portique monumental par lequel on accède à cette large coupole.

Cet immense emplacement a été, naturellement, réservé à la flore gigantesque, ainsi qu'aux arbres des tropiques, qui y ont été disposés artistement, au milieu de grottes et de fontaines jaillissantes.

Les Architectes ont adopté pour module, dans leurs proportions, une longueur de $7^m;47$; cette mesure leur a servi de base pour disposer les baies dans les galeries vitrées. La longueur totale du Palais comprend trente et une de ces unités, plus la largeur des pavillons extrêmes qui mesurent 36 mètres ; cette longueur, ainsi que nous l'avons dit, atteint 305 mètres.

Le dôme central a 55 mètres de diamètre. Il est entièrement vitré et surmonte la construction principale du Palais qui a neuf modules de côté. La façade regardant la lagune est précédée d'un pavillon comprenant trois parties ; celle du centre forme porte monumentale à l'édifice ; chacune des deux autres occupe les extrémités de ce pavillon central. Elles sont recouvertes d'un dôme bas, flanquant le dôme intérieur principal.

En résumé, le plan général du Palais de l'Horticulture se compose de deux pavillons extrêmes de deux étages, leur largeur est de 36 mètres et leur profondeur de 76 mètres ; ils sont reliés par une galerie vitrée de 231 mètres de longueur sur 15 mètres de profondeur. Le centre de cette construction est occupé par un grand pavillon recouvert d'un dôme ; sa surface est de 4.000 mètres environ ; il est précédé d'un pavillon avec porte monumentale richement décorée. Une deuxième galerie moins importante, recouverte d'une toiture vitrée, en forme de voûte, s'étend parallèlement à la première ; elle a une longueur de 22 mètres, et relie le centre du palais aux pavillons extrêmes. L'intervalle compris entre ces constructions forme deux cours, à ciel ouvert, de 82 mètres de longueur sur 27 mètres de largeur. Elles sont occupées par des jardins.

Au point de vue architectural, la façade du Palais de l'Horticulture est peu élevée, ses murs ont 6^m,86 de hauteur et sont couronnés par une balustrade de 0^m,90 de hauteur.

Comparativement à ses dimensions en plan, le dôme central est assez bas. La section verticale est demi-circulaire et le centre de ce demi-cercle se trouve placé au niveau de la galerie du deuxième étage, qui sert de point d'appui au dôme ; ce deuxième étage, qui lui sert de base, se trouve ainsi à 7 mètres. Par suite, le dôme, dont le sommet se trouve à 55 mètres au-dessus du sol, n'a qu'une hauteur de 34,^{m}07.

De l'intérieur, l'effet est très réussi. De l'extérieur, l'aspect général aurait été moins favorable si les Architectes n'avaient pas assis le dôme sur un tambour circulaire élevé, surpassant le niveau supérieur du bâtiment carré du centre, et s'ils n'avaient pas couronné leur dôme d'un lanterneau circulaire richement décoré. En outre, les petits dômes de façade viennent encore relever l'ensemble et participent à élancer la masse. Toute cette construction offre un aspect clair et léger, parfaitement approprié au sujet.

Au point de vue décoratif les architectes ont choisi leurs motifs dans la Renaissance italienne.

Le style adopté pour les galeries est l'ordre Ionique.

Les baies ont été encadrées par des colonnes de dimensions strictement compatibles avec les exigences de l'art ; l'édifice rappelle un peu l'Orangerie de Versailles. La même décoration se continue sur les murs des pavillons ; mais l'étage supérieur de ces pavillons ayant 90 centimètres de plus que l'étage inférieur, les architectes l'ont enrichi d'une frise de 1^m,80 de hauteur, offrant ainsi une surface libre à la décoration, qui n'a pas été ménagée.

L'exemple de Sansavino, l'architecte de la riche bibliothèque Saint-Marc sur la Piazetta, à Venise, les a d'ailleurs guidés.

Le portique est formé par une arcade monumentale avec vestibule, décoré de statues et de nombreux motifs sculpturaux.

Les deux pavillons qui flanquent ce portique sont décorés à la vénitienne.

L'ordre Ionique reparaît ici sur une échelle plus grande que celle des façades longitudinales. L'entablement est constitué par une frise plus large que celle des pavillons d'angle.

La décoration et la sculpture sont l'œuvre de M. Loredo Taft, de Chicago.

2° CONSTRUCTION

Description générale

Le Palais de l'Horticulture se compose, au point de vue de la construction, de quatre parties bien distinctes :

Au centre un espace carré de 66^m,216 de longueur sur une profondeur de 67 mètres environ, est couvert au moyen d'un dôme de 55 mètres de diamètre qui en occupe la partie centrale. Le dôme a sa charpente presque entièrement métallique.

De chaque côté du dôme se détachent deux ailes, couvrant un espace de 83 mètres de longueur sur 22^m,40 de largeur. Ces deux ailes G sont couvertes d'un toit courbe dont la charpente est en bois avec armatures métalliques.

Derrière le dôme règne une galerie H occupant presque toute la longueur du palais. Cette galerie a 232^m,216 de longueur et une largeur de 15^m,34 seulement. La charpente de cette galerie est mixte.

Les deux extrémités du palais sont occupées, en retour, par deux galeries plus larges, faisant saillies sur le corps de bâtiment principal de 10^m,83.

La largeur de ces deux galeries extrêmes est de 35^m,94 et leur longueur 76^m,502.

La couverture est constituée par un toit à deux égouts. La charpente est mixte.

Voir le plan planche 73-74.

Dôme central

La planche 75-76 donne des vues en élévation et coupe, des différentes parties du dôme qui a 28^m,585 de rayon intérieur.

La charpente se compose de vingt fermes courbes, dont les piliers reposent sur les fondations, à la hauteur de 6^m,705 du sol ; les piliers supportent un plancher intermédiaire ; c'est à cette hauteur seulement que commence la courbure de la poutre.

A la hauteur où le toit latéral rencontre la partie cylindrique formant la base du dôme, à 4^m,57 au-dessus du plancher dont nous venons de parler, se trouve une ceinture polygonale reliant tous les piliers et formée d'une sorte de poutre à treillis avec un arc à la partie inférieure.

Le chéneau du dôme se trouve à 7^m,924 au-dessus du plancher de la galerie.

Enfin, à partir du chéneau, les fermes sont reliées par un système de contreventement très complet.

Le dôme est surmonté d'un lanterneau à toiture sphérique d'un rayon de 7^m,619, surélevé sur une partie cylindrique.

Au centre du lanterneau, se trouve disposé le paratonnerre présentant à sa sortie de la construction un motif ornemental.

Les fermes du dôme supportent un système de douze pannes métalliques et de neuf pannes en bois sur lesquelles on a cloué le voligeage de la toiture en zinc.

Aile G

La planche 77-78 donne deux vues des fermes des galeries G.

La ferme courante G supportant le toit courbe est formée d'une série de planches courbées et assemblées. Ces planches au nombre de dix-huit, mesurent 304 millimètres de largeur et 2 millimètres et demi d'épaisseur. Le rayon de courbure est de 11^m,785.

Ces pièces reposent à leurs extrémités et par l'intermédiaire de sabots en fonte, sur deux piliers espacés de 21^m,24 d'axe en axe.

Les piliers sont en bois debout.

La ferme supporte quatre pannes sur chaque versant.

Les pannes sont soutenues au moyen de sabots en fonte affectant la forme de bouts de cornières sur lesquels sont venus de fonte, des bossages droits ou inclinés qui reçoivent les boulons et tirants.

La pièce de fonte supportant la panne mesure 304 millimètres de largeur comme l'arbalétrier en bois et 253 millimètres de hauteur.

La panne 4 est butée des deux côtés au moyen d'un sabot affectant en double les mêmes dispositions que ceux qui ont été décrits ci-dessus.

Les trous et portées des boulons et tirants sont alternés par rapport à l'axe de l'arbalétrier.

De chacune des pannes et des sabots du pied de l'arbalétrier, partent des boulons destinés à raidir l'arbalétrier. Ces tirants se terminent chacun par une boucle, et toutes les boucles reçoivent un axe qui les maintient.

Du côté droit de la ferme, côté qui n'est pas figuré sur le dessin, la disposition est la même. On a réunis les axes de droite et de gauche dont il vient d'être question, au moyen d'un tirant formant entrait et muni d'un manchon de réglage en son milieu. Le même point d'axe des boucles est relié au poteau support au moyen d'un autre tirant comportant aussi un manchon, de cette façon en agissant sur les deux manchons on obtient une tension très uniforme des différentes parties de la ferme.

Les sabots qui reçoivent les pieds de l'arbalétrier portent également venues de fonte, deux oreilles pour recevoir les tirants.

Ces sabots sont situés à 5^m,485 au-dessus du sol.

Ferme G

La ferme circulaire G est entièrement construite en bois, elle supporte également les quatre pannes qui se trouvent situées sur une circonférence de 12^m,13 de rayon.

La ferme repose sur des poteaux en bois au nombre de quatre dont deux intermédiaires.

A la hauteur de la naissance du toit courbe, se trouve une poutre en bois à treillis supportant le plancher de la galerie.

Les poteaux intermédiaires sont distants de 6^m,628 des supports extrêmes et laissent entre eux, au milieu de la galerie un passage de 7^m,466 de largeur.

A la partie supérieure des poteaux intermédiaires, on a disposé deux contrefiches ayant une section de 203 millimètres de largeur.

Vers les supports extrêmes, et pour supporter la dernière panne, on a disposé un poinçon moisé formé de deux pièces de 253 millimètres sur 101 millimètres de section.

Les arbalétriers sont polygonaux et formés de pièces ayant un équarrissage de 253 millimètres de hauteur sur 152 millimètres de largeur pour les parties extrêmes, et de 203 millimètres de hauteur sur 152 millimètres de largeur pour les pièces intermédiaires.

La panne de faîtage est en outre soutenue par la réunion des deux contrefiches des montants intermédiaires.

La hauteur de cette panne de faîtage au-dessus du sol est de 12^m,31.

Les pannes supportent des chevrons formés de madriers ayant une section de 203 millimètres de hauteur sur 76 millimètres de largeur.

Aile H

La toiture ainsi que nous l'avons vu est à deux versants rectilignes.

La largeur de cette galerie est seulement de 7^m,10 d'axe en axe des supports extrêmes, la ferme est très simple, elle est du genre Polonceau, l'arbalétrier est en bois et les tirants en fer rond (voir pl. 77-78). En A, l'arbalétrier repose dans un sabot en fonte de 304 millimètres de largeur dans la partie qui le reçoit et de 355 millimètres dans celle qui s'appuie sur le poteau.

Les arbalétriers sont composés chacun de trois pièces de bois clouées ensemble dans leur largeur.

La pièce centrale a une section carrée de 203 millimètres de côté. Elle est recouverte dessus et dessous au moyen de deux madriers en bois de 50 millimètres d'épaisseur; on voit en D le détail de l'assemblage du poinçon avec l'arbalétrier.

La panne de faîtage repose dans un sabot en fonte de forme spéciale qui reçoit également les deux bouts supérieurs des arbalétriers.

La panne de faîtage est située à 4^m,773 au-dessus de la panne de rive.

Deux fermes successives sont réunies et rendues solidaires au moyen d'un système de contreventement dont la planche 77-78 donne le détail et qu'on voit figuré sur le plan d'ensemble (planche 73-74).

Les deux points d'articulation des tirants AB et BC et du poinçon se trouvent réunis au moyen d'un entrait en deux parties maintenues par une chape de serrage.

Enfin, comme dans la ferme G, on a relié le point B au poteau, au moyen d'un autre tirant à manchon de réglage, dont une partie terminée en étrier vient embrasser complètement le poteau support de la ferme.

L'assemblage au point B des différents tirants est donnée en détail sur la planche 77-78.

La galerie II renferme vingt-huit poutres semblables à celle qui vient d'être décrite.

Ailes des extrémités

Les deux ailes des extrémités sont couvertes d'un toit à deux égouts plans. La largeur à couvrir étant de 35m,94, les fermes constituant ces ailes sont un peu plus compliquées que les précédentes.

Chaque ferme, dont le dessin en élévation et coupe est donné sur la planche 77-78, porte sept pannes sur chaque versant. Elle est mixte : en bois et fer. Au droit de la deuxième panne, à partir du bas, nous trouvons un poteau en bois de chaque côté. L'ensemble de ces poteaux divise le vaisseau principal en trois galeries, dont les deux latérales ont 5m,60 et la médiane 22 mètres environ de largeur.

La ferme principale A se compose de deux arbalétriers en bois ayant chacun une section totale de 304 millimètres de hauteur sur 252 millimètres de largeur, portant les pannes. La section comprend deux pièces mesurant 304 sur 101 millimètres et une autre de 304 sur 50 millimètres.

Au droit de chacune des pannes descend un poinçon ou aiguille verticale, les extrémités inférieures des poinçons sont réunies par une cornière en fer formant entrait courbe. Entre ces montants verticaux et maintenant leurs extrémités, sont disposés des treillis constitués par des cornières assemblées.

Le poinçon principal, sous la panne faîtière a 4m,571 de hauteur.

La courbe formée par l'entrait est composée de trois arcs de cercles, l'un de 16m,38 de rayon dans la partie supérieure, et les deux autres venant se raccorder avec les poteaux, de 5m,384 de rayon.

Les arbalétriers, dans les parties inférieures jusqu'au poteau intermédiaire sous la troisième panne, sont constitués par une seule pièce de bois ayant 253 sur 203 millimètres d'équarrissage, à partir du poteau jusqu'au faîtage, l'arbalétrier est formé de deux pièces moisées de 304 sur 101 et 50 millimètres.

Dans l'intervalle des moises viennent se fixer les poinçons et contrefiches en fer, par l'intermédiaire de goussets en tôle et de fourrures en fonte boulonnées dans le bois.

Le boulon d'articulation passe dans des ouvertures pratiquées dans ces fourrures en fonte et prend point d'appui sur elles ; on évite ainsi la déformation et l'ovalisation du trou dans le bois : l'assemblage reste très rigide.

Le poteau qui porte les sablières est constitué par trois pièces verticales de section carrée, de 304 sur 305 millimètres de côté.

Ces pièces sont boulonnées de distance en distance et assemblées au bout comme l'indique le détail du poteau C, planche 77-78.

La hauteur du poteau, jusqu'au-dessus de la sablière, est de 14^m,270.

La sablière est constituée par une pièce de bois de 152 millimètres de largeur sur 304 millimètres de hauteur; elle est légèrement encastrée dans le bout supérieur de l'une des pièces du pilier.

L'espace compris entre le poteau extrême et le poteau intermédiaire, est occupé par une petite ferme construite en pièces de bois armées de tirants en fer de 26 millimètres de diamètre.

Les pièces de bois qui constituent cette fermette ont des sections carrées de 203 et 152 millimètres de côté; un tirant en fer de 31 millimètres de diamètre, relie l'entrait au poteau par l'intermédiaire de deux pièces en fonte de formes appropriées qu'on voit figurer sur la planche 77-78.

Le poteau intermédiaire est formé de trois pièces de bois. La pièce centrale a une section carrée de 254 millimètres de côté ; elle est recouverte de deux madriers de même largeur et de 50 millimètres seulement d'épaisseur.

Ce poteau porte les bouts des moises formant arbalétrier, par l'intermédiaire d'un sabot de fonte de forme appropriée, présentant un ergot ou saillie destiné à contrebuter la panne correspondante.

L'entrait courbe est constitué par deux cornières accolées comprenant, dans l'intervalle, les goussets d'assemblage des poinçons et contrefiches.

Ces goussets sont en tôle de 16 millimètres d'épaisseur. Les poinçons sont constitués par deux cornières de 127 millimètres sur 101 millimètres de largeur d'ailes. Les contrefiches sont construites de la même manière en cornières de 76 millimètres sur 50 millimètres de largeur d'aile. A la rencontre des poteaux intermédiaires et des arbalétriers, on a placé des tirants en fer rond de 33 millimètres de diamètre, fixés d'une part au sabot en fonte et, de l'autre, au premier gousset de l'entrait.

Les pannes sont maintenues à leur écartement au moyen de boulons.

Le contreventement est obtenu au niveau des arbalétriers au moyen de tirants filetés.

Les pannes ont 7ᵐ,452 millimètres de longueur et une section rectangulaire de 304 sur 152 millimètres. Elles sont armées en leur milieu par un poinçon de 914 millimètres de longueur et d'une section rectangulaire de 355 millimètres sur 101 millimètres ; un tirant en fer rond de 23 millimètres de diamètre, complète l'armature.

Le tirant est terminé à ses deux extrémités par des têtes s'appuyant sur les bouts des pannes, taillés en conséquence et protégés par un fer plat de 114 millimètres de longueur sur 152 millimètres de largeur.

Il n'a en tout que trente-six fermes semblables.

PALAIS DES PÊCHERIES

1° ARCHITECTURE

Le visiteur venant de la cour d'Honneur de l'Exposition et remontant du centre du parc vers le Nord, au point où les contours capricieux et accidentés des lagunes se relient avec le lac, aperçoit une longue série de toitures découpées par des tours et des belvédères.

Cet ensemble se dresse au milieu de massifs de verdure groupés sur les bords des lagunes.

En approchant de ce site pittoresque, le visiteur le trouve accessible au Sud, par un pont jeté sur le canal qui fait communiquer les eaux du lac et celles des lagunes. Les masses architecturales, qui étaient apparues jusque là indécises, se dessinent davantage, leurs formes se précisent, et bientôt le caractère même de l'architecture du Palais en fait soupçonner la destination : c'est le Palais des Pêcheries.

Ce bâtiment est situé dans l'axe prolongé du Palais des Arts Libéraux. Entre ces deux monuments et sur la même ligne, est situé le Palais du Gouvernement des États-Unis.

L'architecte, M. Henri Ives Cobb, de Chicago, en dressant le projet de cet intéressant édifice, a dû penser que le plan d'ensemble devait affecter une forme, inspirée par les contours irréguliers des bords du lac, près duquel se trouvait l'emplacement réservé à cette exposition spéciale. Quant aux élévations, elles devaient être plutôt gaies que sévères, de manière à s'harmoniser avec le site environnant.

Il a dû être agréable à l'architecte d'avoir à traiter un sujet tel que celui du bâtiment des Pêcheries, et d'avoir affaire à un département qui exigeait une facture aussi caractéristique que celle du Palais de l'Horticulture.

Le Palais des Pêcheries, destiné, en effet, à contenir des êtres aquatiques, devait affecter un style spécial et original, alors que la composition des grands palais avait été basée plus ou moins, sur les types conventionnels élevés pour la Société humaine.

Ces Palais d'aspect grandiose, ont un caractère dépendant plutôt d'une décoration générale, que d'une structure particulière indiquant le but auquel chaque édifice est destiné.

Cette observation s'applique surtout aux constructions de style Renaissance, qui s'élèvent autour de la grande cour de l'Exposition ; elle s'applique même aux Palais tels que ceux : des Mines et des Transports, qui auraient pu accuser plus librement par leurs formes, les besoins auxquels ils avaient à répondre.

Le style de ces monuments ne pouvait exprimer une idée aussi bien définie, une distinction particulière aussi complète, que celui des deux Palais de l'Horticulture et des Pêcheries.

L'architecte a pensé que l'espace qui était réservé, serait bien occupé par une masse compacte de constructions mesurant 110 mètres de longueur et 50 mètres de largeur environ, dont la silhouette ressortirait, en se détachant du site pittoresque des alentours.

La superficie ainsi couverte étant insuffisante pour les besoins de l'Exposition, l'architecte a flanqué le bâtiment central, de deux annexes, l'une pour un aquarium et l'autre pour la pêche, se reliant à l'édifice central par des galeries circulaires à étage.

La disposition générale, en plan, de l'édifice, affecte une forme circulaire; la façade centrale se trouve par conséquent en arrière des deux pavillons latéraux. Cette élévation principale est tournée vers le département des États-Unis : elle encadre l'extrémité Nord de l'estuaire, et donne bien à l'ensemble l'aspect d'un pavillon maritime.

M. Cobb a choisi le module de six mètres : il a pensé que ce serait le plus convenable pour proportionner son édifice. Pour éclairer l'intérieur, il a adopté la disposition la plus simple et la plus efficace, qui consiste à élever la nef centrale et à l'éclairer par des baies latérales. Cette nef principale est flanquée de constructions latérales, s'appuyant sur les murs de la nef et prenant le jour directement par la façade.

Le hall du centre a quatre modules; soit 24 mètres de largeur, et une longueur de quatorze modules, soit 85 mètres environ. La largeur de la partie environnant la nef fut fixée à deux modules, soit 12 mètres. La surface prévue pour le bâtiment se trouve ainsi totalement occupée.

Une particularité influant sur les formes extérieures de l'édifice fut que, contrairement aux autres Palais, celui des Pêcheries n'avait pas besoin de deux étages pour recevoir les collections qu'il devait renfermer. La partie environnant la nef centrale n'a, par suite, qu'un module de hauteur, soit 6 mètres; si on y ajoute un soubassement de 1 mètre de haut, les murs de cette partie de l'édifice atteignent un développement vertical de 7 mètres.

Cette élévation peu étendue, relativement à la longueur du bâtiment, a obligé l'Architecte à donner aux toitures une pente assez rapide, en vue d'obtenir des proportions plus harmonieuses.

Il jugea qu'il était convenable de donner aux murs de la nef centrale une hauteur de $4^m,20$ au-dessus des bas-côtés; la hauteur totale de l'édifice atteignit ainsi 20 mètres au-dessus du sol.

Comme on avait besoin, pour les services de l'Exposition, de l'espace situé immédiatement, au-dessous de la toiture qui recouvre la partie de la construction adossée à la nef centrale, on y donna accès en prolongeant le plancher de cette nef.

Ce prolongement servit, pour ainsi dire, de plafond à la partie périphérique du bâtiment

Le plancher de l'intérieur de la nef, se trouve placé de manière à constituer une galerie à laquelle on accède au moyen d'escaliers, groupés vers le centre du bâtiment.

L'ensemble de la construction, pour être bien caractérisé, exigeait un couronnement.

A cet effet, l'Architecte a élevé, au centre de la nef, un grand hall couvert d'une toiture conique à base circulaire, dont le diamètre est égal à la hauteur de la nef, soit 24 mètres; il est flanqué, aux extrémités, de deux diamètres perpendiculaires, de quatre tourelles polygonales formant transition avec les autres toitures inclinées. Ces tourelles renferment des escaliers donnant accès à des galeries extérieures et intérieures. Au-dessus de ces galeries, le hall du centre est percé de baies; sa toiture de forme conique, se termine par une petite tourelle avec balcon circulaire. Ce motif est répété, à un niveau inférieur, aux quatre tourelles polygonales. La hauteur totale de cet édifice est de 46 mètres.

Les grandes portes d'entrée s'ouvrent sur deux transepts de 24 mètres, allant du dôme central au centre des galeries longitudinales. Ces galeries sont adossées à la nef et se prolongent de 12 mètres en dehors.

Les portiques sont flanqués de petites tours polygonales de même genre que celles qui entourent le dôme.

Le caractère architectural des deux pavillons latéraux est déterminé par les conditions qu'imposait la construction d'un aquarium ; le pavillon de droite étant, ainsi que nous l'avons dit, destiné à cet usage. Ces deux annexes constituent des constructions polygonales de 18 mètres de diamètre, et de 21 mètres de hauteur ; elles sont éclairées par des baies, à la partie supérieure ; leurs dispositions en plan, comme en élévation rappellent le style architectural des baptistères italiens. Ils font suite à un bâtiment formant une aile latérale, qui a 11 mètres de longueur avec toiture vitrée.

Dans la partie centrale s'élève une fontaine.

Chaque annexe est divisée en trois galeries concentriques, celle du milieu formant un passage couvert par une série de voûtes d'arêtes reposant sur colonnes ; les deux autres galeries, situées de part et d'autre de ce passage, sont occupées par les réservoirs de l'aquarium.

Les arcades latérales du passage central sont vitrées de haut en bas. La partie inférieure, sur une hauteur de $2^m,50$, est en plaques de verre polies, formant, pour ainsi dire, les murs de l'aquarium ; le reste est en verres de couleurs où s'accusent les nuances marines.

Dans ces aquariums, l'architecte a prévu les conditions nécessaires à l'existence des poissons de mer et d'eau douce, ainsi que celles des autres animaux aquatiques auxquels ils sont destinés. La seule lumière qui éclaire le passage vitré vient du haut et traverse, au préalable, les réservoirs de l'aquarium.

Le visiteur, au cours de sa promenade dans cette partie de l'édifice, voit se révéler à ses yeux les secrets des grandes profondeurs : il aperçoit de tous côtés les poissons se mouvant dans leur élément ; il a l'impression d'une promenade à pied sec sous les eaux, et il peut étudier à loisir la vie si curieuse de leurs habitants.

L'autre annexe, élevée vis-à-vis du Pavillon de l'aquarium, a le même caractère extérieur.

Quant aux motifs architecturaux de l'ensemble du Palais, ils sont franchement traités dans le style roman espagnol : les murs extérieurs étant partout garnis d'arcades ouvertes, supportées par des colonnettes.

Une balustrade à jour longe le bâtiment entre les colonnes. Ce bâtiment est lui-même fermé, par des fenêtres en arrière des arcades.

Dans la partie circulaire, les arcades sont groupées trois par trois. Dans la partie centrale, qui est percée de baies à la partie supérieure, elles sont groupées cinq par cinq.

Les arcades du dôme central sont plus élevées, plus riches, avec meneaux, jambages et une série de détails tirés du style roman.

Les corniches sont d'un style semblable.

L'arcade romane apparaît, dans le Palais des Pêcheries, comme motif principal de décoration des belvédères et des tourelles.

Pour donner de la grandeur au portique d'entrée, l'architecte a terminé le transept par trois arcades plus importantes, qu'il a surmontées d'un pignon. Le tympan de ce pignon comprend un bas-relief représentant une des pêches les plus dangereuses : *La Capture d'une baleine.*

M. Cobb a, heureusement, décoré les chapiteaux de ses colonnes de figures représentant les types d'animaux vivant au fond des eaux : poissons, crabes, anguilles, batraciens, tortues, etc. ; mais la sobriété de cette décoration est telle, qu'elle ne nuit en rien à l'ensemble.

C'est sous la direction de M. Cobb que M. Joseph Richter de Chicago a composé les quatre-vingts modèles de chapiteaux et fûts de colonnes tous distincts, mais se rapportant néanmoins à un type unique de composition.

Le Roman du Sud de la France et du Nord de l'Espagne, se distingue, même dans les édifices religieux, par un genre semi-barbare se traduisant par l'emploi, dans la décoration, de figures grotesques et de caricatures.

Il n'y a par suite aucune exagération dans la décoration spéciale des chapiteaux et des colonnes du Palais des Pêcheries, d'autant plus qu'elle est bien appropriée aux exigences d'un tel bâtiment ; elle lui donne d'ailleurs un aspect pittoresque, qui ne nuit en rien à la dignité et à la grâce de l'ensemble.

2° CONSTRUCTION

Fondations

Le Palais des Pêcheries, situé au bord des rives des lagunes, a nécessité des fondations sur pilotis, pour les piles supportant les poussées principales de l'édifice. Les autres fondations recevant les colonnes, maintenant les galeries supérieures, ont été exécutées sur plates-formes.

Description de l'ossature

Le Palais des Pêcheries est un édifice rectangulaire, accompagné de deux rotondes réunies au bâtiment principal par deux galeries circulaires à arcades couvertes.

Le bâtiment principal a 110 mètres de longueur et 50 mètres de largeur. Au centre des façades principales, deux vestibules en saillies permettent l'accès du Palais, de sorte que la largeur extrème de la construction se trouve, de ce fait, portée à 61 mètres environ.

Chaque vestibule est flanqué de deux tours circulaires de 7 mètres de diamètre, et de $18^m,59$ de hauteur.

Des escaliers tournants situés dans les tours, donnent accès à une galerie régnant tout autour de la partie principale du Palais.

Les vestibules placés entre chaque paire de tourelles, ont $21^m,38$ de largeur ; ils sont situés exactement dans l'axe de la partie centrale surélevée qui forme un des points saillants de la toiture de la construction.

Le pavillon conique central, a $24^m,38$ de diamètre et $46^m,32$ de hauteur, jusqu'au sommet de la lanterne.

La toiture centrale est prismatique, sa base est constituée par un dodécagone régulier. Il est supporté par les charpentes formant l'intersection du transept et de la galerie principale. Ces deux vaisseaux ayant exactement la même largeur de $24^m,38$.

Les quatre angles du pavillon central sont occupés par une petite tour.

Le bâtiment principal est couvert par un comble de 21^m,33 de hauteur.

Le pourtour du bâtiment est couvert par des demi-fermes en appentis de 11^m,27 de portée.

Les petites colonnades sont établies entre la partie supérieure de ces appentis et la sablière du comble principal. Tous les combles sont terminés par des croupes droites.

Les fermes sont presque entièrement en bois, quelques-unes, cependant sont en fer. Elles sont généralement espacées de 6^m,09 d'axe en axe.

Une galerie située à 7^m,31 du sol règne tout autour du bâtiment.

Une seconde galerie située à 21^m,38 entoure le dôme central, elle est desservie par les deux escaliers en spirale des tours.

Ces tours ont 15^m,54 de hauteur depuis le sol jusqu'à la naissance du toit.

Ce toit, en pente, a une hauteur de 4^m,26, il est surmonté d'un paratonnerre de 8 mètres environ de hauteur.

Les petites tourelles des angles du dôme central, s'élèvent à 4^m,57 au-dessus de la naissance du toit du dôme.

La lanterne qui surmonte le dôme a 3^m,04 de hauteur, elle est coiffée d'une petite toiture de 2^m,57 d'élévation, terminée par le paratonnerre principal.

La hauteur totale de la partie la plus élevée du bâtiment au-dessus du sol est de 45^m,88.

La hauteur au-dessous du sol de la sablière du petit comble en appentis est de 7^m,315.]

Les annexes sont des rotondes polygonales de seize côtés, elles ont 18^m,08 de diamètre, leur hauteur depuis le sol jusqu'au pied du paratonnerre est de 21^m,48.

Autour de ce corps central règne un appentis également polygonal, de 11^m,58 de largeur et d'une hauteur totale de 11^m,10. La toiture de cet appentis commence à 7^m,30 du sol.

L'une de ces annexes renferme un aquarium, l'autre les appareils de pêche à la ligne.

Le centre du premier de ces bâtiments qui est occupé par une fontaine, renferme aussi plusieurs réservoirs qui desservent les aquariums.

Détails de l'ossature.

Ferme B

Les fermes indiquées par la lettre B sur le plan général (pl. 81-82), sont celles qui constituent le comble régnant au-dessus du bâtiment principal.

Cette ferme est entièrement en bois, les sabots et les tirants seuls sont en métal.

L'arbalétrier est formé de quatre madriers de 101 sur 203 millimètres de section, boulonnés ensemble et réunis aux joints, par des éclisses.

Des sabots en fonte réunissent les arbalétriers à l'entrait et aux piliers également en bois. Les piliers sont doubles et réunis à l'entrait par deux madriers de 203 sur 101 millimètres de section, formant contre-fiches boulonnées sur les côtés des piliers.

Ces contrefiches sont fixées sur les piliers à $4^m,26$ centimètres de leur extrémité supérieure.

L'entrait est constitué par deux madriers de 203 sur 304 millimètres de section, assemblés comme l'arbalétrier.

La ferme est divisée en six panneaux par des tirants, des contrefiches et des poinçons en bois.

Les contrefiches sont en bois de section carrée, de 253 millimètres de côté.

Au centre, pour soutenir l'entrait, on s'est servi de tirants en fer rond de $4^m,87$ de longueur.

Les autres tirants sont également en fer rond.

La planche 83-84 représente entre autre la dernière ferme adjacente aux fermes de croupes à l'extrémité du bâtiment.

On y voit également représentés les assemblages de l'entrait de cette ferme avec ceux des fermes E et F de croupe, ceux des arbalétriers de la ferme A avec ceux des mêmes fermes.

Ferme F

La demi-ferme F, représentée sur la planche 85-86, est une des demi-fermes d'arètier de croupe du comble principal.

La longueur de la demi-ferme est de 17^m,50, elle est supportée par un pilier dont la disposition est représentée sur la figure. L'extrémité de l'entrait est supportée par un corbeau en bois ayant une section de 203 sur 304 millimètres. L'assemblage latéral est obtenu par deux bouts de madriers venant embrasser à la fois l'extrémité du poteau et les deux pièces de l'entrait, le tout est fixé par des boulons.

Toutes les plates-bandes et éclisses ont 25 millimètres d'épaisseur.

L'arbalétrier est constitué de deux pièces de bois jumelles, de 152 sur 304 millimètres de section. L'assemblage, bout à bout, est fait au moyen d'éclisses.

L'entrait est formé de deux parties de même section et disposées comme celles de l'arbalétrier.

Une plate-forme, figurée en coupe et en plan sur les planches 81-82 et 85-86, est aménagée pour recevoir un réservoir de 3^m,04 de diamètre ; c'est pour supporter sans danger le poids de ce réservoir qu'on a été amené à donner aux contrefiches et poinçon de la ferme B et de la ferme F, la disposition particulière qu'on a pu remarquer.

Les solives de la plate-forme sont boulonnées sous les entraits et réunies entre elles par un système d'entretoisement oblique très solide. Comme dans la ferme B, décrite précédemment, la ferme est complétée par des tirants en fer, des poinçons et des contrefiches en bois.

Les contrefiches ont une section carrée de 202 millimètres de côté.

Cette partie du comble porte vingt-deux pannes en bois de 304 millimètres de hauteur sur 50 millimètres de largeur.

Tous les assemblages sont renforcés par des fers plats boulonnés.

Ferme H

La planche 83-84 donne les détails de construction de la demi-ferme H, ferme courante de l'appentis qui règne autour du bâtiment principal.

L'arbalétrier est formé dans sa partie supérieure d'un madrier à section carrée de 205 millimètres de côté, et dans sa seconde moitié, de deux pièces jumelles ayant une section de 152 sur 304 millimètres.

La partie inférieure de l'arbalétrier, repose sur un poteau en bois et sa partie supérieure s'assemble avec le pilier qui supporte environ 4 mètres plus haut la ferme B du comble principal.

L'entrait est divisé en trois sections de chacune 3^m,47 de longueur.

La contrefiche principale est composée, comme la partie inférieure de l'arbalétrier, de deux madriers ayant une section de 152 sur 304 millimètres. Les contrefiches ordinaires sont constituées par une pièce de bois carrée, de 152 millimètres de côté.

Cette ferme porte vingt-deux pannes en bois de 304 millimètres de hauteur, sur 50 millimètres.

Ferme I

La demi-ferme représentée sur le planche 85-86 est la demi-ferme d'arêtier de croupe de la galerie du pourtour, elle a 17^m,54 de longueur.

L'arbalétrier est constitué, comme la ferme H à sa partie supérieure, par un madrier de 203 sur 304 millimètres et à sa partie inférieure par un assemblage de deux madriers de 203 sur 304 millimètres.

La contrefiche principale a la même section que l'arbalétrier dans sa partie inférieure.

L'entrait est composé de deux pièces jumelles, à section carrée de 204 millimètres de côté, assemblées bout à bout au moyen d'éclisses et séparées par des cales.

Les contre-fiches ordinaires ont une section carrée de 152 millimètres de côté. Des tirants en fer rond complètent l'ensemble.

La planche 85-86 montre les différents assemblages des pièces de bois, arbalétriers, poteaux et entrait.

Ferme C

Le plan général, (planche 81-82), montre la diposition des fermes C situées immédiatement derrière les vestibules.

Ces fermes, comme les précédentes, sont mixtes, c'est-à-dire en fer et bois.

La planche 83-84 donne les dispositions de détails et les assemblages.

La longueur de la ferme, d'axe en axe des poteaux est de 22m,40.

Les arbalétriers sont formés chacun d'une pièce de bois ayant une section de 304 millimètres sur 253 millimètres, réunis au sommet par un sabot de forme spéciale qui porte la panne faîtière et sert d'attache au tirant formant poinçon principal.

L'assemblage des arbalétriers avec les poteaux et l'entrait, est consolidé par deux plaques de tôle boulonnées de chaque côté, et formant goussets.

Chaque arbalétrier porte vingt-cinq pannes.

La demi-ferme est divisée en quatre panneaux, au moyen de poinçons et de tirants en fer rond placés à intervalles réguliers de 2m,793.

La hauteur de la ferme mesurée de l'entrait à la panne faîtière est de 9m,753.

L'inclinaison des versants de ce toit est assez forte, environ 45°.

Les contrefiches a, b, c, sont en bois ; la première a une section carrée de 152 millimètres de côté ; elle est clouée à sa partie inférieure sur l'entrait et à sa partie supérieure sur l'arbalétrier.

La contrefiche b est, au contraire, boulonnée à ses deux extrémités ; elle est à section carrée de 205 millimètres de côté.

La contrefiche c, disposée de la même manière que la précédente, est aussi carrée, mais sa section est plus forte, soit 253 millimètres de côté.

L'entrait est constitué de deux parties, dont la jonction est figurée en plan et élévation sur la planche 83-84.

Cet assemblage, à trait de Jupiter, est consolidé par des éclisses en fer

Les fermes des combles à deux versants sont au nombre de douze.

Il y a, de plus, vingt-quatre demi-fermes de croupe.

Dôme conique Central

Le comble conique central est couvert au moyen d'un toit polygonal de douze côtés ; il comporte, par conséquent, douze demi-fermes. L'une de ces demi-fermes est figurée, en ensemble et en détails, sur la planche 85-86.

Le dôme a 24^m,383 de diamètre, et une hauteur de 10^m,058, à partir des naissances.

Les douze fermes sont portées par des colonnes en fer de 8^m,305 de hauteur ; elles convergent vers une couronne centrale.

Les poteaux ont leurs membrures en fers cornières de 4 millimètres d'épaisseur.

Les ailes ont 100 millimètres et 76 millimètres de largeur.

La ferme est divisée en sept panneaux par des pièces diagonales.

L'arbalétrier, pour la partie inférieure des premiers panneaux, est formé de deux cornières de 76 millimètres sur 88 millimètres de largeur d'ailes.

Dans le deuxième panneau, l'arbalétrier est formé de deux cornières ayant des ailes de 127 millimètres et 83 millimètres de largeur.

Pour les deux panneaux supérieurs, il est formé de deux cornières ayant seulement 86 millimètres et 62 millimètres de largeur d'ailes.

La membrure inférieure de la ferme, formant entrait courbe, est entièrement formée de deux cornières à ailes égales de 76 millimètres de largeur. Cette membrure inférieure a un rayon de courbure de 23^m,180.

Les barres diagonales de la ferme sont constituées par deux cornières à ailes égales de 88 millimètres et 62 millimètres pour la partie inférieure, et de 76 millimètres sur 62 millimètres pour la partie supérieure.

L'entrait et l'arbalétrier s'assemblent sur le poteau au moyen d'un large gousset de 2^m,973 de longueur, 915 millimètres de largeur et 12 millimètres d'épaisseur.

Les autres assemblages se font également au moyen de goussets de dimensions variables mesurant 12 millimètres d'épaisseur.

Les arbalétriers et les membrures inférieures convergent tous vers le centre, où ils s'attachent à deux petites couronnes qu'on voit figurer en détail sur la planche 85-86 ; ces deux anneaux supportent le paratonnerre central de l'édifice.

On voit également sur la même planche les dimensions adoptées pour les pannes.

La panne t a 6^m,540 de longueur ; elle est formée de deux fers, l'un de 101 millimètres sur 76 millimètres, l'autre de 152 millimètres sur 76.

La panne u, plus courte, n'a que 4^m,936 ; elle comporte quatre fers cornières de 62 millimètres sur 62 millimètres d'ailes.

La panne v à 2ᵐ,280 de longueur ; elle est formée de deux cornières à ailes égales de 62 millimètres de largeur.

Enfin la panne w, la plus courte vers le sommet du comble, a 1ᵐ,925 de longueur. Les modes d'assemblage sont indiqués sur la planche 85-86.

ANNEXES

Nous avons vu que les annexes sont identiques et semblablement disposées.

Chacune d'elles est formée d'une rotonde centrale entourée d'un comble en appentis.

La rotonde est portée par seize colonnes de 12ᵐ,19 de hauteur du sol aux naissances. Les fermes principales reposent sur trois colonnes et convergent vers une pièce en fonte placée au centre.

Les chevrons sont formés de deux cornières en acier de 76 millimètres sur 203 millimètres, avec une âme de 304 millimètres de hauteur.

A 2ᵐ,362 du faîtage, chaque chevron est fixé à un anneau par deux cornières de 101 millimètres sur 76 millimètres.

L'anneau est suspendu à la partie supérieure de l'âme du chevron par une série de tiges en fer.

La couverture en tuiles est fixée directement sur des pannes en bois de 50 millimètres sur 203 millimètres fixées aux chevrons par des supports spéciaux.

Le toit de la galerie annulaire entourant la rotonde est aussi supporté par seize fermes correspondant à celles de la partie centrale.

La hauteur du plancher à la naissance du comble s'élève à 6ᵐ,248.

Le chevron de chaque ferme est formé de deux cornières en acier de 126 millimètres sur 76 millimètres de largeur d'ailes.

L'extrémité inférieure est boulonnée à la partie supérieure de la membrure extérieure, et l'extrémité supérieure à l'une des colonnes de la rotonde. Un tirant double en fers cornières est attaché à la même colonne.

Le treillis consiste en deux poinçons verticaux et deux tirants, en fer à double T.

Des séries de pannes concentriques réunissent les seize fermes convergentes.

Au niveau de l'assemblage des fermes extérieures et des colonnes, nous trouvons une première poutre circulaire ; à $1^m,981$ plus bas, on en trouve une seconde. Ces deux poutres sont réunies par des pièces diagonales.

On accède aux annexes par un chemin couvert, communiquant avec la partie principale du Palais ainsi que par deux perrons qui permettent d'y entrer directement.

La charpente du comble de chacune des annexes est dissimulée en partie sous un enduit en plâtre décoré de moulures.

Les poteaux en acier sont assimilés à des colonnes ; leurs chapiteaux en staff sont constitués par des motifs rappelant les êtres de la vie aquatique.

La seconde annexe renferme les appareils de pêche ; elle est construite d'une manière analogue à la première.

Les détails seuls diffèrent par suite de la destination à laquelle cette annexe est affectée.

PALAIS BEAUX-ARTS

1° ARCHITECTURE

Le Palais des Beaux-Arts dont les études ont été préparées par M. Charles B. Atwood, chef du bureau des constructions, fut, par suite de conditions d'emplacement et de prix, limité à une longueur de 152 mètres et à une largeur de 98 mètres, avec possibilité d'extension latérale, par des ailes indépendantes, reliées au bâtiment principal par des galeries de communication. Les deux façades longitudinales sont disposées : l'une au Nord, l'autre au Sud.

Le Palais devait être, aux termes du programme, rigoureusement à l'abri des chances d'incendie, et, par suite, absolument éloigné des autres bâtiments. Il résulta de cet isolement que l'édifice n'était plus soumis nécessairement à la condition d'être en harmonie avec les autres monuments. On décida, que le département des Beaux-Arts serait situé au centre de la partie Nord du parc et entouré de pavillons des divers États et nations étrangères.

Le module de proportion adopté pour le Palais mesure 10 mètres. Quant au style, il se ressent nécessairement de la destination pour laquelle le bâtiment a été construit. L'intérieur ne devait pas être, comme dans tous les autres Palais, consacré à une exposition industrielle ; il ne devait pas se composer d'un grand hall avec bas côtés et galeries, mais d'une série de salles ; il fallait prévoir un emplacement pour la sculpture et les Arts plastiques ; il fallait que le local fut vaste, bien éclairé, et qu'il renfermât, en outre, un nombre de salles suffisant, pour contenir les expositions de peinture, de gravure et de dessin.

L'Exposition de la Sculpture exigeait un emplacement de grande hauteur. L'éclairage devait être obtenu par le sommet ; la lumière devait être, en outre, suffisamment diffusée pour éviter les contrastes trop vifs dans les reliefs, entre les ombres et les parties éclairées.

Les galeries réservées à la peinture et au dessin, ne devaient, au contraire, guère dépasser 9 mètres de largeur et 6 mètres de hauteur.

Leurs plafonds devaient être construits de manière à éviter les ombres portées sur les murs.

De ces considérations, il résultait que l'emplacement réservé à la sculpture, étant le plus vaste, exigeait le plus d'élévation ; la galerie réservée à cette exposition devait occuper la partie centrale, ou autrement dit, les nefs principales du palais. Les autres parties, plus basses, plus étroites, devaient être réservées à la peinture.

L'architecte constitua son plan de la manière suivante : il disposa une nef centrale longitudinale de 150 mètres de long, de 30 mètres de large et de 20 mètres de haut, jusqu'à la corniche, puis un transept de 100 mètres de longueur, de 30 mètres de largeur et de 20 mètres de hauteur, coupant la nef centrale en son milieu. Ces deux galeries furent éclairées par le haut, et furent munies d'un balcon de grandes dimensions, permettant une circulation à un niveau élevé dans l'intérieur du Palais, et se prêtant à l'exposition des bas reliefs et des sculptures de petites dimensions.

Les extrémités des deux nefs longitudinale et transversale, se terminent par des portiques avec grands vestibules de cérémonie.

Le centre de l'édifice étant le point de croisement des deux nefs, l'architecte y a élevé un dôme central, mesurant 50 mètres de haut à l'extérieur, et 40 mètres de haut à l'intérieur; son diamètre est de 22 mètres. Ce dôme repose sur un massif octogonal dont les quatre côtés correspondent a deux nefs qui sont percées, en leurs centres, de grandes portes.

La circulation des visiteurs de l'une des nefs à l'autre, se fait au pourtour de ce massif de constructions, de manière à éviter que le dôme ne soit un point de passage. Chacune des portes du dôme central est flanquée de deux grandes colonnes portant un entablement surmonté de statues ; cette décoration rappelle celle qui était employée souvent, dans les thermes et les basiliques de l'époque romaine.

Les galeries réservées à la sculpture sont, par ce fait, divisées en deux grandes et deux petites. Dans les premières sont ménagées des portes qui donnent accès à vingt-quatre salles réservées à la peinture ; ces galeries ont une hauteur totale de 9 mètres, une largeur de 9 mètres, et une longueur de 18 mètres. La surface de murs destinée à l'accrochage des tableaux dans chaque salle, s'élève ainsi, à 230 mètres carrés environ, ce qui permet de grouper les tableaux suivant les sujets traités ou la nationalité de leurs auteurs. A l'extérieur de ces galeries transversales, s'ouvrent des portes placées vis-à-vis des premières et donnant accès dans de grandes galeries de 12 mètres de large, disposées au pourtour du bâtiment.

A l'une de leurs extrémités, ces grandes galeries communiquent avec la nef transversale, et à l'autre, avec des pavillons d'angles carrés qui ont 15 mètres de côté. On a obtenu de cette manière, comme surface de murs utilisable pour l'exposition des tableaux, environ 9 000 mètres carrés.

La disposition générale qui vient d'être décrite, conduisit nécessairement à un groupement symétrique des masses extérieures, lesquelles devaient, d'autre part, revêtir un caractère architectural d'une grande pureté dans son ensemble, et d'une réelle élégance dans les détails. Le dessin devait en être réglé par les principes académiques les plus rigoureux, de manière à se trouver en harmonie avec les objets d'art exposés.

Tous ces tableaux, gravures, sculptures : produits de l'Art moderne, dérivent plus ou moins de types empruntés à l'Art païen, à l'Art chrétien ou à la Renaissance.

L'Art grec pouvant à juste titre être considéré comme le summum de l'expression artistique, c'était à l'architecture grecque que le palais des Beaux-Arts devait emprunter son caractère.

Le plan général de ce bâtiment est, ainsi que cela ressort des descriptions précédentes, formé d'un rectangle comprenant des salles à toiture plate et éclairées par le haut. Ces salles ont environ 12 mètres de hauteur totale.

Les pavillons d'angle, carrés de 15 mètres de côté, ont la même hauteur que le reste du palais.

Au milieu de ces constructions de faible hauteur, se détachent les murs percés de baies et les toits des deux nefs longitudinale et transversale qui sont plus élevées, et qui se terminent, à chaque extrémité, par un portique.

Au centre, c'est-à-dire au point de croisement des deux nefs, s'élève un dôme central de 47 mètres de hauteur.

Pour donner à cet ensemble un aspect architectural satisfaisant, M. Atwood a choisi comme style, le bel ordre ionique du portique d'Athénée dans l'Erectheum, plus simple que l'ordre corinthien du monument de Lysitrate, et cependant moins sévère que l'ordre dorique du Parthénon.

Pour rompre la monotonie des longues façades sans baies, l'architecte a disposé en avant de ses élévations, suivant la méthode grecque, une colonnade de 9^m,50 de large, formée de colonnes ioniques de 8 mètres environ de hauteur, et reposant sur un socle continu de 2^m,80 de haut.

Cette colonnade se dressant entre les saillies formées par les portiques d'entrée et celles moins considérables des pavillons d'angle, produit un effet décoratif d'un caractère exclusivement classique.

Les grands portiques d'entrée, aux deux extrémités de la nef transversale, sont formés de quatre grandes colonnes ioniques de 12 mètres de haut, flanquées de deux colonnes à moitié engagées sur les côtés de chacune des baies percées aux extrémités de la nef. Une série de marches donnent accès aux entrées monumentales dont le centre est occupé par une statue de Minerve.

Ces portes principales sont surmontées d'un attique avec pilastres, correspondant aux colonnes de la partie inférieure ; ces pilastres sont ornés de cariatides de 4^m,20 de hauteur, analogues à celles du temple grec d'Agrigente. La corniche du portique est, par ce fait, élevée à 22 mètres de haut.

L'attique se continue d'ailleurs avec la ligne des baies pratiquées dans les murs de la nef : ce qui donne un caractère d'unité à l'ensemble.

Cet ensemble est couronné par un fronton richement décoré. Ce même fronton est répété, plus simplement, au point où les deux nefs se rejoignent sur le mur qui sert en partie de base au dôme central, caractérisant ainsi, à l'extérieur du palais, l'entrée de la nef sous la coupole.

Au centre des deux façades qui terminent, à chaque extrémité, la grande nef longitudinale, nous trouvons un portique de moindre importance n'ayant plus que deux colonnes au lieu de quatre. Pour atténuer la transition un peu brusque entre le portique de 22 mètres d'élévation et la colonnade de 17 mètres de haut, l'architecte a imaginé de flanquer le portique de deux petits pavillons de 9 mètres de large, de même hauteur que les galeries et dont la façade se termine par un portique orné de cariatides tirées des modèles de l'Erectheum.

En arrière de ces pavillons, et aux angles du croisement des deux nefs, sont ménagés des escaliers tournants, qui donnent accès aux balcons longitudinaux. L'emplacement de ces escaliers se traduit extérieurement par des petits dômes.

Quant aux pavillons situés aux angles de la construction, ils sont constitués de portiques à frontons engagés dans un attique.

Ces pavillons, ainsi que les motifs des colonnettes légères qui supportent les balcons intérieurs, sont dessinés d'après les fresques des murs de Pompéi. Quant à la décoration intérieure et extérieure du palais elle a été inspirée des maîtres de l'art grec et de la Renaissance.

2° CONSTRUCTION

Fondations

Le Palais des Beaux-Arts construit au bord des lagunes, sur un terrain ayant peu de résistance a exigé des fondations particulières, semblables à celles qui ont été établies sous les principaux Palais de l'Exposition. Elles ont été exécutées sur pilotis et madriers en chêne.

Les charges adoptées sur les massifs et radiers, ont été environ pour ce palais, de 1 kilogramme par centimètre carré.

Description de l'ossature

La charpente du Palais des Beaux-Arts a été exécutée presque totalement en fer et acier : l'incombustibilité étant la condition principale imposée dans la construction de ce Palais. En consultant les planches 87-88 et 89-90, nous trouvons en plan et coupes, toutes les dispositions de l'ossature métallique.

La coupe transversale suivant MN (pl. 89-90) montre nettement les principales fermes et les galeries latérales. Pour accuser l'intersection des deux galeries principales : la nef et le transept, on établit à leur intersection un dôme dont la planche 93-94 donne exactement tous les détails.

La coupe longitudinale (pl. 87-88) permet de juger de l'aspect intérieur de cette coupole et montre la série des fermes composant la nef de ce Palais.

La nef comprend quatorze fermes, dont sept de chaque côté du dôme. Chacune de ces fermes mesure, dans œuvre, une portée de 28^m,95. Ces fermes sont distantes de 9^m,14 d'axe en axe.

Le transept, d'une longueur inférieure à celle de la nef, présente dans son ensemble, une série de six fermes dont trois sont situées de chaque côté du dôme. Ces fermes ont légalement une portée de 28^m,95 et sont distantes d'axe en axe de 9^m,14.

Elles reposent toutes à leurs extrémités, sur les murs en maçonnerie qui séparent les salles de peinture et de sculpture, elles s'appuient suivant la largeur sur des colonnes montantes qui soutiennent les galeries des premier et second étages.

Dans toute la longueur de la nef et du transept, et sur une largeur de 18^m,28, il existe, au-dessus des dites fermes, un châssis vitré continu : comme il est figuré d'ailleurs dans les coupes longitudinale et transversale des planches 87-88 et 89-90.

Les fermes ABCD du plan de l'ossature, planche 89-90, servent à soutenir les châssis vitrés et la toiture des salles destinées à l'exposition des tableaux. La coupe MN donne la disposition de cette toiture qui s'appuie, en partie, sur ces fermes et les murs de refends ; son ossature est constituée par une charpente légère.

Les fermes A sont au nombre de trois pour chaque petite salle figurée au plan, elles ont 9^m,14 de portée et sont distantes l'une de l'autre de 4^m,571.

Les fermes B sont placées sur les murs en maçonnerie séparant les portiques respectivement parallèles et perpendiculaires à la nef et au transept ; elles sont au nombre de vingt-huit pour les salles placées parallèlement à la nef : soit sept fermes pour chaque salle.

Elles ont comme portée 12^m,38 et mesurent, d'axe en axe, environ 4^m,58.

Les fermes des salles perpendiculaires au transept sont au nombre de douze : soit trois pour chaque salle ; leur portée et leur écartement sont semblables aux précédentes.

Les surfaces restantes sont couvertes, à leurs extrémités, par deux demi-fermes disposées normalement aux murs de refends.

Les fermes C, attenantes aux salles des pavillons d'angle du Palais des Beaux-Arts, sont au nombre de huit : soit deux pour chaque pavillon ; leur portée mesure 15^m,24 et leur écartement d'axe en axe est de 4^m,40 environ. Les surfaces des extrémités sont également couvertes par deux demi-fermes normales aux fermes C.

Les fermes D sont constituées semblablement aux fermes A, B, C ; elles couvrent les salles disposées près des escaliers montant aux galeries de la nef et du transept ; leur portée et leur écartement sont analogues aux fermes A.

La coupole du dôme du Palais des Beaux-Arts repose, en partie, sur des appuis en maçonnerie ; elle se trouve solidement fixée sur une forte ceinture métallique de forme octogonale, elle comprend seize fermes circulaires, ainsi que le montre la coupe longitudinale et le plan de la planche 93-94.

La portée de cette coupole mesure dans œuvre, 24^m,076; la courbure de chacune de ses fermes est constituée par un arc de cercle surélevé de trois mètres environ ; le rayon de la partie circulaire est de 12^m,38.

Ces fermes sont reliées entre elles par les pannes figurées sur la planche 93-94 en 1, 2, 3, 4, 5, 6.

L'éclairage intérieur de cette coupole est obtenu, au sommet, par un jour astral ; à cet effet, les fermes viennent reposer à leur partie supérieure, sur une ceinture métallique polygonale de seize côtés. Afin d'équilibrer les efforts de compression dans la partie haute, on a placé deux poutrelles armées, venant s'assembler sur la couronne supérieure.

Les quatre façades du Palais des Beaux-Arts comportent chacune un grand portique d'entrée dans leur partie milieu, la planche 87-88 donne l'aspect d'un de ces portiques, les coupes longitudinale et transversale en marquent les saillies. Quant à l'ossature de ces portiques, elle est figurée de face et de profil sur la planche 93-94.

La couverture de la partie triangulaire en saillie, terminée par le fronton repose sur sept pannes dont une de faîtage. Ces pannes sont constituées par des poutres en treillis, elles reposent, d'une part sur la charpente du pignon de la façade, et, d'autre part sur celle du pignon séparant la nef des portiques.

Les galeries des premier et second étages situées au-dessus des portiques sont indiquées dans les coupes transversale et longitudinale. Elles sont constituées de poutres armées, fixées longitudinalement et transversalement aux colonnes en fonte du bâtiment. Ces poutres reçoivent à leur tour, toutes les solives des planchers du pourtour de ces galeries qui ont 6^m,095 de largeur dans la nef et 5^m,358 dans le transept.

Ces colonnes en fonte furent dissimulées dans les murs sur toute la hauteur du rez-de-chaussée.

Détails de construction.

Ferme principale

La ferme principale du Palais des Beaux-Arts, représentée en détail sur la planche 91-92, est constituée d'arbalétriers en treillis et d'un entrait en fers ronds.

Les arbalétriers reposent sur les murs latéraux de la nef et sur deux colonnes.

Les treillis sont formés de montants verticaux et de croisillons en fers cornières.

De deux en deux panneaux, les montants reçoivent des pannes qui viennent s'y assembler.

La partie de la ferme placée entre les colonnes, est surmontée d'un large lanterneau vitré.

Chaque croisillon est composé de cornières de 60×60 millimètres de largeur d'ailes, sur 6 millimètres d'épaisseur.

Les montants verticaux sont formés de quatre cornières mesurant également 60×60 millimètres de largeur sur 6 millimètres d'épaisseur.

Les membrures inférieure et supérieure sont constituées par des cornières de 76×76 millimètres de largeur d'ailes, sur 6 millimètres d'épaisseur. Ces cornières sont rivées sur des plates-bandes mesurant 203 millimètres de largeur sur 10 millimètres d'épaisseur.

La planche 91-92 montre les détails des autres éléments constitutifs de l'ossature métallique du Palais des Beaux-Arts, en se reportant au plan de la planche 89-90 on comprendra sans difficulté la disposition de ces différentes parties.

PALAIS DU GOUVERNEMENT
DES ÉTATS-UNIS

1° ARCHITECTURE

Les expositions des divers départements de l'État ont été réunies dans ce Palais, à l'exception cependant de quelques-unes qui, en raison de leur importance ou de leur caractère particulier, ont paru exiger des constructions spéciales.

Ainsi, pour la marine militaire, on a eu l'heureuse idée de reproduire le cuirassé américain : *l'Illinois*. On a placé ce vaisseau dans les eaux du lac Michigan, accosté à une jetée qui y donne accès.

L'exposition des phares a été également placée en dehors du Palais, à l'extrémité de la jetée.

Sur une bande de terre réservée entre le Palais du Gouvernement et les bords du lac, on a construit un hôpital maritime, et on y a élevé un observatoire naval à côté d'un campement pour les troupes de parade des États-Unis. On y a placé, en plus, des installations se rapportant au service des plantations et des irrigations du département de l'Agriculture.

Le Palais du Gouvernement a été fait sur les plans de M. Edbrooke, architecte en chef du département de la Trésorerie ; il a coûté deux millions de francs. Il est situé dans la partie Nord de l'île formée par le lac Michigan, les lagunes et les deux canaux de communication. Son axe longitudinal est dans le prolongement de celui du Palais des Arts et Manufactures et passe par le centre du Pavillon des Pêcheries, suivant l'ordonnance qui a été adoptée pour tous les bâtiments établis dans Jackson-Park.

C'est un grand hall rectangulaire, mesurant 105 mètres de largeur sur 126 mètres de longueur, et dont les subdivisions intérieures ne sont pas très nettement indiquées extérieurement par des motifs architecturaux. Au centre, s'élève un dôme de 36 mètres de diamètre, qui surmonte de 55 mètres, la galerie inférieure du Hall. Vu d'en bas, ce dôme se présente comme une coupole octogonale, dont chaque pan, de 15 mètres de large, est percé d'une baie. Extérieurement, il a la forme d'un tambour polyédrique à seize faces, dont chaque pan est occupé par un système de doubles fenêtres accolées; il est encadré par des piliers. Ces piliers supportent une coupole, de 25 mètres de hauteur, ornée de lucarnes. La coupole est elle-même couronnée par un campanile cylindrique, d'une forme élégante et élancée. Dans son ensemble, on peut reprocher à ce dôme des proportions un peu exagérées, relativement à la masse générale de l'édifice.

Le grand hall est formé par sept galeries parallèles, coupées, au milieu de leur longueur, par un transept plus élevé, qui a 12 mètres de large et qui est flanqué de deux ailes de 6 mètres. Quatre de ces galeries, parmi lesquelles se trouvent les deux extrêmes, dépassent en hauteur celles avec lesquelles elles alternent. Les premières ont des toits ordinaires, et prennent jour par des baies percées dans la partie qui domine les trois autres. Celles-ci, plus basses, ont des toitures cintrées, surmontées d'un lanterneau vitré. Toutes ces galeries, d'une largeur égale à 15 mètres, sont séparées par des rangées de colonnes distantes de 8 mètres d'axe en axe.

L'architecte a donné aux façades une élévation de 14 mètres, et, pour masquer la toiture, il a couronné le tout d'une balustrade.

Au centre des deux grandes galeries Est et Ouest, c'est-à-dire aux extrémités du transept, s'ouvrent les grands portails d'entrée des deux pavillons; ces derniers se divisent en cinq masses correspondant au transept et à ses deux ailes. Les trois masses du milieu se dressent à dix mètres au-dessus de l'entablement, et les deux autres, à deux mètres au-dessus du même niveau. Le grand portail est surmonté d'un groupe de statues, et, le sommet de chacun des deux corps de bâtiment latéraux, porte un aigle sur un piédestal à base octogonale.

Le rideau de mur qui termine et limite, dans leur longueur, les deux galeries longitudinales extrêmes, est découpé par quatre baies de 8 mètres, coïncidant avec l'espace libre, laissé entre les colonnes de l'intérieur. Chaque baie est formée par une grande fenêtre cintrée que coupe un bandeau, correspondant au niveau des balcons intérieurs.

De légers piliers séparent ces baies les unes des autres, et l'extrémité des galeries aboutit à des pavillons d'angle carrés, de 15 mètres de côté, couverts par des petits dômes à base carrée. Chacune des façades de ces pavillons est percée d'une baie cintrée et vitrée qui se trouve placée entre deux bas côtés de plus petites dimensions.

Les extrémités Nord et Sud des grandes galeries longitudinales sont occupées par un système de pignons ainsi disposé : les trois galeries centrales se terminent par un grand portail à trois entrés ; les deux latérales par des pavillons d'angle ; et les deux intermédiaires par une façade plus basse, de 15 mètres de large, dont le fronton décoré suit les lignes de la toiture.

A l'intérieur, les principales salles du bâtiment sont entourées de balcons qui augmentent la surface libre occupée par les divers départements.

Dans la partie Sud sont installées les expositions des Postes, du Trésor, du Ministère de la Guerre, de l'Agriculture.

Le département de la Surveillance des côtes, qui fait partie de la section du Trésor, présente une exposition très intéressante : une carte en relief des États-Unis de 120 mètres carrés ; un balcon disposé autour, permet de l'examiner facilement.

Dans la portie Nord, on a disposé la Commission des Pêches, le Smithsonian Institute, les Ministères de l'Intérieur, de la Justice et des Affaires Étrangères.

En somme, la décoration extérieure répond heureusement aux dispositions générales de l'intérieur, sans en accuser servilement les détails, et, dans son ensemble, le Palais présente un aspect satisfaisant ; ses aménagements sont bien compris.

Ce Palais porte l'empreinte d'une sorte de tradition, dont on retrouve la trace dans tous les travaux d'architecture exécutés par le Gouvernement des États-Unis. Cette tradition a consacré des formes et des types qui, reproduits constamment dans la construction des monuments publics, leur imposent un caractère froid et conventionnel, insuffisamment racheté par les qualités d'ordre et de symétrie. Il en résulte des bâtiments massifs et coûteux. Le talent et le savoir de leurs auteurs s'y affirme, mais leur architecture ne donne aucune idée du génie artistique de la nation américaine.

C'est une faute que commet le Gouvernement des États-Unis en ne laissant pas une assez grande part à la concurrence entre ses architectes. Les dispositions architecturales adoptées par l'artiste dans ces grands monuments, devraient être le fait de son initiative propre et de sa personnalité, et non celui d'un style convenu, pour ainsi dire arrêté d'avance comme le type unique du Beau.

Il en résulte que tous les Palais, celui du Gouvernement entre autres, situés à Jackson-Park, sont privés de ce cachet original qui marque bien le goût artistique d'un peuple et qui caractérise une époque dans l'Histoire de la civilisation. On retrouve toujours dans l'architecture de ces monuments, le cliché officiel, reconnu et admis, et qui, s'il ne manque pas de grandeur et de majesté, ne paraît pas devoir être approprié à un genre d'édifices éphémères, et à des constructions dont l'aspect extérieur n'accuse pas l'ossature intérieure.

L'architecte américain exerce son talent d'imitation, mais il comprime son inspiration.

L'artiste, lorsqu'il n'est pas inspiré uniquement par la pensée créatrice, ne peut espérer faire œuvre d'art ; il finit par perdre les qualités de finesse et de goût dont la nature avait pu le combler. Tel l'artiste grec qui perdit ses qualités géniales, lorsqu'il devint l'esclave du patricien romain, et qu'il fut tenu, pour complaire à son maître, d'épouser ses goûts et de traduire ses sentiments.

Dans ces conditions, un artiste peut conserver un certain talent, mais son génie est annihilé à jamais. Il n'est plus qu'un rouage administratif.

2° CONSTRUCTION

Fondations

Les fondations du Palais du Gouvernement, comme toutes celles de Jackson-Park, sont en bois. Les unes sont simplement constituées par des plates-formes en madriers et planches, les autres sont sur pilotis.

Les fondations sur plate-forme ont une surface plus ou moins grande, suivant les charges à supporter.

Celles qui supportent les piliers de moindre importance, sont carrées et mesurent 1m,68 de côté. Elles comprennent une série d'étages de madriers, mesurant respectivement 0,36×0,30 centimètres d'équarrissage, puis 0,30×0,30 centimètres, ensuite 0,30 × 0,20 centimètres et enfin 0,30 × 0,30 d'équarrissage. (Planche 97.)

Chaque groupe comprend trois madriers de plus en plus espacés à mesure que l'on s'enfonce dans le sol, l'ensemble reposant sur des planches jointives de cinq centimètres d'épaisseur.

La planche 97 montre des autres groupes de fondations également sur plate-forme et mesurant respectivement à la base, 1m,98, 2m,29 et 2m,67.

Les fondations des piliers supportant le dôme sont particulières.

Elles sont disposées sur des pieux de 30 centimètres de diamètre espacés de 0,91 centimètres d'axe en axe sur tous les sens, il y a vingt-cinq pilotis par pilier, ces pieux vont jusqu'au bon sol. Les têtes de ces pièces de bois sont fixées par des broches en fer à des poutres composant un plancher en gros madriers immédiatement placé au-dessus.

Sur la plate-forme ainsi établie, on a disposé des madriers jointifs de 30 × 30 centimètres d'équarrissage, recevant des poutrelles en fer sur lesquelles reposent directement les piliers du dôme.

Description de l'ossature

La charpente du Palais du Gouvernement des États-Unis, est comme celle de presque tous les Palais principaux [de Jackson-Park, partie en fer, partie en bois.

La planche 95-96 montre la disposition en plan de l'ossature.

L'édifice se compose de sept galeries principales interrompues au milieu par un transept de $24^m,40$ de largeur.

Au centre du monument se trouve un dôme de $18^m,29$ de diamètre.

Les lettres inscrites au plan de l'ossature, correspondent aux différents types de fermes adoptés.

La planche 99-100 indique en coupes longitudinale et transversale, à petite échelle, la structure intérieure, la disposition des fermes et celle des colonnes ; quatre autres coupes à plus grande échelle font ressortir avec plus de détails l'ossature de certaines parties du Palais.

Les fermes A couvrent les deux grandes galeries longitudinales du milieu.

Les fermes B, de forme courbe, constituent les galeries basses entre les galeries extrêmes et les galeries centrales.

Les fermes C couvrent les galeries extrêmes du bâtiment.

La planche 101-102 permet de juger des dispositions d'autres fermes spéciales, telles que celles qui sont placées diagonalement, lorsqu'il y a des intersections de galeries.

Les fermes D couvrent le transept placé dans l'axe du monument.

A une hauteur de huit mètres et au pourtour des façades intérieures, une galerie de six mètres environ de largeur permet d'examiner d'une altitude plus élevée l'ensemble des expositions du rez-de-chaussée. Cette galerie est desservie par seize escaliers.

Ferme D

Cette ferme est entièrement métallique, sa portée est de $12^m,20$.

L'écartement des fermes D est de $7^m,62$ environ d'axe en axe.

Elles sont constituées d'une façon analogue aux fermes Polonceau, sauf les assemblages qui ne comprennent pas de sabots en fonte. Presque tous les assemblages sont à articulation.

Ces combles à trois bielles, sont maintenus par des contrefiches en fers cornières, assemblés aux piliers. Les tirants sont en fers ronds de 22 à 44 millimètres de diamètre.

Les cornières mesurent, pour les petites bielles 54×30 millimètres de largeurs d'ailes, pour les grandes bielles 101×51 millimètres de largeurs d'ailes.

Les arbalétriers sont composés de deux cornières à ailes inégales de 150 × 100 millimètres de largeur.

Le lanterneau est entièrement métallique, ses rampants mesurent chacun 5ᵐ,50 de longueur, ils sont formés de fers cornières de 76 × 63 millimètres de largeurs d'ailes.

Les montants verticaux du lanterneau sont constitués par des cornières de 76 × 76 millimètres de largeurs d'ailes.

Au-dessous de la ferme D la planche 99-100 permet de juger de la disposition des poutres d'une des galeries.

Cette poutre de 61 centimètres de hauteur est composée de membrures en cornières à ailes inégales de 127 × 89 millimètres de largeurs et en treillis également en cornières.

Nous avons sur cette même planche la coupe du balcon de la galerie, sa construction est mixte en fer et bois, ses dimensions sont indiquées sur chaque élément, nous ne les répéterons pas.

La planche 99-100 montre dans le bas à droite, la coupe transversale de la galerie centrale du Palais.

En outre des dimensions inscrites sur cette coupe, le détail B fait ressortir, à une plus grande échelle, les éléments constitutifs de l'assemblage correspondant.

Colonnes et piliers

Les colonnes supportant les galeries des étages supérieurs ou les piliers sur lesquels reposent les différentes fermes composant l'ossature du Palais du Gouvernement, sont de types différents. Elles sont toutes métalliques ; leurs sections sont : soit en forme de double T avec âme renforcée de cornières et plates-bandes, soit constituée par des plates-bandes et cornières disposées en caisson carré ou rectangulaire, soit une combinaison des deux sections précédentes, soit enfin du type dit Phœnix, ce dernier type étant en acier à section circulaire, analogue aux colonnes creuses en fonte, mais de faible épaisseur, et présentant quatre assemblages à ailes disposées suivant deux diamètres perpendiculaires.

La planche 98 donne les dispositions de ces colonnes ainsi que leurs assemblages avec les poutres constituant les galeries supérieures.

Les détails portés sur cette planche sont ceux des ensembles indiqués dans les coupes longitudinales et transversales de la planche 99-100.

Ces colonnes sont composées d'éléments en cornières d'échantillons variables depuis 76 millimètres jusqu'à 127 millimètres de largeur d'ailes, ainsi que de plates-bandes de 6 à 10 millimètres d'épaisseur.

Nous ne décrirons pas ces colonnes une à une, la simple inspection de la planche 98 permettant d'en saisir tous les détails.

Ferme A

Les fermes A sont identiques entre elles comme dispositions et proportions, leur portée est de $15^m,24$ et leur écartement de $7^m,62$ d'axe en axe. (Planche 101-102).

Elles sont du type Polonceau à trois bielles et comprennent, en outre, des contrefiches qui les relient avec les piliers.

Leurs assemblages ne sont pas constitués par des sabots en fonte : ils sont tous à articulation. Les tirants sont en fers ronds de 24, 28, 30, 45 millimètres de diamètre. L'aiguille verticale, qui mesure $3^m,96$ de longueur, a 13 millimètres de diamètre. Les cornières mesurent, pour les petites bielles, 54×30 millimètres de largeurs d'ailes ; pour les grandes bielles, 101×51 millimètres de largeurs d'ailes.

Les arbalétriers sont composés de deux cornières à ailes inégales de 152×101 millimètres de largeur. Tous les assemblages de la ferme A sont indiqués en détail sur la planche 101-102. La figure A montre l'assemblage de l'entrait avec l'arbalétrier et la contrefiche. La figure G indique l'assemblage au sommet. C donne le détail de l'assemblage de la grande bielle avec l'arbalétrier et les détails B et F représentent les jonctions extrêmes de la petite bielle.

La planche 101-102 donne les détails des autres fermes.

Les planches 103-104 et 105-106 montrent l'ensemble et les détails du dôme, ceux des colonnes le composant et ceux des balcons inférieurs de ce dôme. Ces éléments étant très détaillés sur les dessins, nous ne les décrirons pas.

Les deux dernières figures de la planche 103-104, indiquent les dispositions des pans de bois des façades. Ces ossatures ont été enduites de plâtre et décorées de motifs en staff.

PALAIS DES FEMMES

(Planche 5-6, figure 7).

Le Palais des Femmes, situé à l'Est de Midway-Plaisance, se trouve compris entre les prolongements de la cinquante-neuvième et la soixantième rue ; il fait face à l'extrémité Nord des lagunes.

Les dimensions qui lui ont été assignées, mesurent 67 mètres de largeur et 130 de longueur.

Parmi les nombreux projets déposés par les dames architectes, celui de Mlle Sophie G. Hayden remporta le premier prix, tant pour la finesse des détails que pour l'harmonie des proportions. Le jury du concours décida que l'exécution lui serait confiée.

Mlle Sophie G. Hayden de Boston est une diplômée de l'École d'Architecture de l'Institut technologique du Massachusetts, le projet qui lui a valu le prix, a tous les caractères d'un problème d'école, étudié intelligemment d'après les méthodes académiques. C'est un bon exemple des résultats qu'on peut obtenir dans les Écoles professionnelles américaines. Il est heureux que l'Exposition des Arts de la Femme, ait son siège dans un bâtiment où une certaine élégance se joint à la finesse des détails et à la grâce des formes. Comparé aux autres constructions de l'Exposition, le Palais des Femmes est empreint d'un caractère qui révèle le sexe de son auteur.

Le plan général décèle un peu d'inexpérience dans sa distribution.

Le Palais devait être, il est vrai, accommodé aux exigences les plus variées ; il devait être distribué en vue d'expositions industrielles, artistiques et sociales ; les œuvres de réformes, les organisations charitables, un hôpital modèle, un jardin d'enfants, une exposition rétrospective, une ou plusieurs salles de réunion de grandeurs différentes, des librairies, des parloirs, des salles de comité, des bureaux, devaient trouver place dans ce même Palais, auquel on réservait un emplacement au Nord du Palais de l'Horticulture et dans l'axe de l'Avenue de Midway Plaisance.

Le module adopté par l'architecte a été de trois mètres.

Les usages multiples auxquels le bâtiment était destiné, semblaient imposer la création d'une série de pièces de dimensions variées, subordonnées à une grande salle de Pas-Perdus. Le nombre des pièces nécessaires, exigeait deux étages.

Pour satisfaire aux conditions d'éclairage, de circulation et d'économie de place, le plus simple était évidemment de disposer la grande salle au milieu, de la débarrasser de toute colonne, et de la faire assez élevée pour recevoir le jour d'en haut, par des baies latérales. Il n'y avait plus alors qu'à l'entourer d'une ceinture de bâtiments plus bas, formant les façades du Palais.

Le premier étage était ainsi bien occupé par la grande salle donnant de plein pied, sur les salles environnantes.

Quant au deuxième étage, le bâtiment pour la partie correspondant au milieu des élévations, en était dépourvu ; il n'en fut pas de même des côtés qui comprirent un étage.

On obtint ainsi des galeries permettant d'accéder à la grande salle médiane. Les salles environnantes devaient, pour répondre aux exigences du service, avoir une profondeur de 24 mètres, et, de ce fait, emprunter au hall principal, la plus grande quantité de lumière possible. Ces conditions diverses sont traduites par l'aspect extérieur de l'édifice.

Dans les autres Palais de l'Exposition qui comportaient une plus grande surface sans grande élévation, il fallait donner de l'importance aux parties verticales, de manière à assurer l'harmonie de la composition. Ici, une pareille nécessité ne s'imposait pas, et l'expression des dispositions intérieures pouvait nettement se traduire au dehors.

L'architecte trouva que la meilleure proportion était de choisir, pour l'étage inférieur, une hauteur de 6^m,40, pour l'étage supérieur, une hauteur de 7 mètres, et de faire reposer l'ensemble de la construction, sur un soubassement de 1^m,50 de hauteur ; ces divers éléments donnèrent au Palais une hauteur totale de 15 mètres environ.

Pour l'établissement de la façade, Miss Hayden a suivi la mode classique, elle a disposé un fronton central se reliant aux pavillons d'angles par deux portiques. Ces portiques communiquent avec deux rangées de salles, au centre du bâtiment.

La couverture de la nef principale et une partie des murs de cette galerie surmontent l'édifice. Cette nef est éclairée par des baies latérales, disposées dans la hauteur des murs, hauteur laissée apparente par les galeries à étage du pourtour.

La décoration intérieure a été effectuée dans le genre de celle des villas de la Renaissance Italienne. Le premier étage s'avance presque au premier plan des façades des pavillons centraux et des pavillons d'angle, en formant portique. Une partie du plancher supérieur de cet étage forme terrasses. Ces terrasses sont situées en avant du deuxième étage qui se trouve en retrait.

Le premier étage a été composé d'arcades de trois mètres d'ouverture sans colonnes ni pilastres ; elles ont été surmontées d'une balustrade

Le deuxième étage comporte des colonnes corinthiennes, flanquant les tableaux de chacune des fenêtres des salles.

Le pavillon central comprend trois arcades analogues à celles du portique ; son premier étage forme loggia.

A la suite de compétitions énergiquement débattues par les sculpteurs du sexe faible, la décoration du fronton et l'exécution des groupes symboliques, surmontant la colonnade supérieure des terrasses, furent confiées à Miss Alice Rideout, de San-Francisco.

Les motifs de ces décorations sculpturales représentent les grands ouvrages de la femme. Nous sommes heureux de reconnaître, dans ces œuvres, le côté noble et poétique des sujets ; nous citerons, entre autres, des allégories ailées de trois mètres de hauteur, placées de part et d'autre du fronton principal et symbolisant la Femme et son œuvre dans l'Histoire.

L'*Amour* et le *Dévouement* sont représentés sous les traits d'une femme dont les regards sont tournés vers le ciel, le visage est couvert d'un voile virginal, la tête est couronnée de roses ; à ses pieds, repose le pélican, symbole de l'amour et du dévouement.

Le *Sacrifice* est représenté par une religieuse renonçant, devant l'autel, aux joies de ce monde.

La *Charité*, la *Maternité*, sont représentées par d'autres groupes remarquables.

La Femme symbolisant l'esprit de civilisation, est représentée par un Ange aux yeux baissés, descendant des cieux pour améliorer le sort de l'humanité ; la pose est à la fois sublime et simple. Cet ange tient en mains le flambeau de la *Sagesse*.

Le groupe symbolisant le rôle de la Femme dans l'Histoire se compose d'une figure centrale, représentant la femme comme pionnier de la Religion et de la Science ; la main droite tendue tient une couronne de myrthe, récompense de la vertu, de la main gauche, elle soulève la balance de la Justice et de l'Égalité.

Les matériaux qui ont servi à construire le Palais des Femmes proviennent de dons généreux venus de toutes les parties de l'Amérique.

Les nations qui ont fait une exposition spéciale des arts de la femme, sont :

L'Angleterre est bien représentée par ses collections qui renferment, entre autres, des ouvrages exécutés par Sa Majesté la Reine, par leurs Altesses les princesses Béatrice, Louise et la duchesse de Teck.

Les aquarelles finement peintes, de la reine Victoria, sont exposées dans la galerie Est.

Le Siam, dont le vitrines sont remplies de broderies remarquables.

La Norwège, qui a exposé des travaux à l'aiguille et au crochet, ainsi que plusieurs spécimens de tissus, tels que : tapis, couvertures, etc. Des poupées habillées portant le pittoresque costume norwégien.

Le Mexique, qui a envoyé des broderies d'un dessin merveilleux, auxquelles on ne pourrait reprocher qu'un contraste trop vif dans le coloris ; des bois découpés d'une excessive délicatesse.

La France qui a exposé des portières en peluche ; des rideaux de soie brodés à l'aiguille ; des vases de Sèvres. L'histoire de l'habillement de la jeunesse, depuis les temps les plus reculés est reproduite d'une façon scrupuleuse et fort réussie.

L'Italie, dont l'envoi se compose d'une collection de fines et riches dentelles parmi lesquelle son remarque celles de Sa Majesté la Reine d'Italie.

La valeur de cette collection est estimée à 500 000 francs.

Le Japon, initie le visiteur aux merveilles que renferme le boudoir d'une riche Japonaise.

L'Espagne a envoyé des vêtements royaux brodés d'or et de pierreries. Une reproduction de la chapelle où la famille royale entend la messe, est exécutée en broderie de fine soie.

L'Autriche a exposé : une collection de dentelles remarquables ; des gants de peau brodés de fleurs ; et, enfin, un paravent, peint par l'archiduchesse Marie-Thérèse.

L'Allemagne s'est fait remarquer par ses instruments de musique, ainsi que par une collection de portraits des plus célèbres musiciennes allemandes.

Les différents costumes féminins de l'Allemagne, sont représentés par des types fort originaux.

PARTICIPATION DES ÉTATS ET TERRITOIRES DE L'UNION

NATIONS ÉTRANGÈRES

UNION AMÉRICAINE

La grande République fédérale américaine est divisée en états, territoires et districts.

On compte trente-huit états, dix territoires et un district.

Tous ont tenu à exposer leurs produits dans des pavillons spéciaux.

Ce sont : La New-York, la New-Jersey, la Pensylvanie, le Maryland, la Virginie orientale, la Virginie occidentale, la Caroline du Nord, la Caroline du Sud, la Géorgie, la Floride, le Mississipi, la Louisiane, le Texas, le Tennessee, le Kentucky, l'Ohio, l'Indiana, l'Illinois, le Missouri, le Michigan, le Wisconsin, la Californie, l'Oregon, le Kansas, la Nevada, le Colorado, le district de Columbia, les dix territoires de Washington, Utah, Dakota, Montana, Idaho, Wioming, Arizona, Nouveau-Mexique, Territoire indien et Aliaska.

NATIONS ÉTRANGÈRES

Une cinquantaine de nations acceptèrent de prendre part à l'exposition.

Ce sont :

L'Angleterre, l'Allemagne, l'Autriche-Hongrie, la Belgique, la Bolivie, le Brésil, la République Argentine, le Chili, la Chine, la Colombie, Costa-Rica, le Danemark et ses colonies, l'Égypte, la République de l'Équateur, l'Espagne, la France (y compris l'Algérie, le Congo, la Guinée française, les Indes françaises, la Nouvelle Calédonie, la Tunisie), les colonies de la Grande-Bretagne : Indes, Australie, etc., la Grèce, le Guatemala, les îles Hawaï, Haïti, la Hollande et ses colonies, le Honduras, la Hongrie, l'Italie, le Japon, la Corée, la Libéria, l'île de Madagascar, le Maroc, le Mexique, le Nicaragua, la Norwège, l'État libre d'Orange, le Paraguay, la Perse, le Pérou, le Portugal, la Roumanie, la Russie, le Salvador, San-Domingo, la Serbie, le Siam, la Suède, la Suisse, la Turquie, l'Uruguay, le Venezuela, Zanzibar, Cuba, San-Salvador.

Indépendamment des emplacements occupés par les pavillons des nations précédentes, chacune d'elles disposait d'un espace déterminé dans les bâtiments de l'Exposition.

Ces emplacements furent les suivants :

France	23,225 mètres carrés
Angleterre	23,225 —
Colonies anglaises	9,290 —
Allemagne	23,225 —
Autriche	13,935 —
Belgique	11,150 —
Danemark	1,858 —
Espagne	2,800 —
Canada	6,500 —
Japon	5,575 —
Mexique	5,600 —
Grèce	930 —
Russie	9,290 —
Suède	3,716 —
Norwège	4,650 —
Italie	4,200 —

Nous allons décrire les principaux bâtiments élevés dans les jardins de Jackson-Park par les États de l'Union.

PALAIS DE L'ILLINOIS

(Planche 3-4, figure 4)

Le Palais de l'Illinois occupe, au Nord de Jackson-Park, un emplacement des mieux situé, en rapport avec l'importance de l'édifice.

Ce Palais qui est couronné d'un dôme de 67 mètres de hauteur, repose sur une terrasse de 1^m,20 d'élévation ; d'autres terrasses en pierre ornées de balustrades et de statues sont disposées au pourtour. Elles permettent de découvrir un magnifique panorama.

Cet édifice revêt beaucoup de finesse dans les détails ; ses sculptures sont très étudiées.

Il est splendidement éclairé, d'abord par des fenêtres latérales placées à une hauteur de 5 mètres du sol, ensuite par des lanterneaux ménagés dans le comble surbaissé des ailes, ainsi que par une série de lucarnes percées dans la toiture de la nef.

Les principaux matériaux employés sont la pierre de l'Illinois, la brique et l'acier pour la construction, le staff pour la décoration.

La salle commémorative et l'école moderne qui devaient être bâties séparément, ont finalement été réunies au palais principal.

L'Illinois a dépensé 1 300 000 francs pour ce palais, qui a été le premier terminé.

Dans les vues panoramiques de la planche 3-4 nous trouvons figure 4, une vue d'ensemble de ce Palais.

Nous apercevons sur les figures 15, 19, 25, 27 et 30 de la même planche, le dôme élancé de l'Illinois, qui ne peut être confondu avec celui plus massif du Palais du gouvernement des Etats-Unis.

PAVILLON DE NÉBRASKA

L'édifice élevé par l'état de Nébraska se trouve situé au Nord-Ouest du Parc ; il est de forme rectangulaire, ses deux façades principales sont caractérisées par deux colonnades centrales, comprenant quatre colonnes surmontées d'un entablement et d'un fronton.

Sa hauteur est d'environ 10^m,50 ; il couvre une superficie de 1 200 mètres environ. Il se compose de deux étages.

L'Etat a sacrifié à la construction et à l'installation de ce Palais, une somme de 250 000 francs environ.

PAVILLON DE L'ÉTAT DE WASHINGTON

Ce Palais est d'une construction originale, tous les matériaux ont été apportés de l'état de Washington. Il mesure 73 mètres de longueur sur 47 mètres de largeur.

La charpente en bois est apparente à l'extérieur, les pièces qui la composent ont été offertes gracieusement par l'association des marchands de bois de l'État.

L'entrée principale de ce Palais, est faite de granit extrait des carrières du pays.

La partie centrale de la construction, émerge du reste de l'édifice qui est flanqué de quatre tourelles.

Le territoire a dépensé 450 000 francs, pour les études des plans de ce palais et sa construction.

. L'Etat a dépensé, en outre, 530 000 francs pour ses installations et les collections qu'il a exposées; en outre, il occupe un rang important dans les sections de l'agriculture, des forêts, des mines, de l'électricité, des pêcheries et des transports.

PAVILLON DE LA PENSYLVANIE

Ce palais est caractérisé par une accentuation des lignes verticales. Du centre émerge une tour carrée, étagée, et qui est surmontée d'un campanile octogonal.

La partie principale est constituée par un bâtiment à deux étages. Cet ensemble est environné d'un portique comprenant un étage, dont la partie supérieure est disposée en terrasse.

La surface de ce palais est de 1 500 mètres environ; il renferme de nombreux produits industriels et agricoles, ainsi que de riches collections.

Le sol de cet état est, en effet, très fertile, et la culture des céréales, du tabac, de la vigne, et du mûrier y réussit mieux que dans les autres États de l'Union. Son industrie active : toiles, poteries, savons, papeteries, verreries, corderies, y est très bien représentée.

La Pensylvanie a consacré à ses expositions une somme de 1 500 000 fr.

___

PAVILLON SUD-DACOTA

Le Palais du Sud-Dacota se trouve situé au Nord du groupe formé par les palais de Washington, de l'Oregon, du Colorado et de la Californie, il rappelle, par sa construction rustique, les anciennes fermes françaises ; son plan d'allure dissymétrique mesure 30 mètres de longueur sur 24 de largeur, soit une superficie de 720 mètres environ.

Le rez-de-chaussée comprend une vaste salle de réunion flanquée, à chaque extrémité, d'une grande cheminée.

L'État du Sud-Dacota a souscrit une somme de 250 000 francs pour l'érection de ce bâtiment. Cet État est représenté d'une façon remarquable par ses expositions agricole, horticole, minérale et forestière.

___

PAVILLON DE L'ARKANSAS

Ce pavillon, qui est placé près de l'annexe Ouest du Palais des Beaux-Arts, comprend deux étages. Sa façade principale est constituée par un portique se composant de six arcades ; cette partie de la construction est surmontée d'une terrasse. L'ensemble de l'édifice a quelque peu le caractère des maisons romaines ; les lignes horizontales sont nettement accusées.

Ce monument a été construit en pans de bois et recouvert de plâtre et de staff.

Les collections qui y sont exposées comprennent principalement la faune et la flore du pays.

L'Arkansas a dépensé pour la construction et l'aménagement de son palais, une somme de 500 000 francs environ.

PAVILLON DU MICHIGAN

La superficie de ce pavillon occupe près de douze cents mètres de surface, son prix de revient est d'environ 300 000 francs. La magnifique exposition qu'il renferme comprend des objets mobiliers, des bois, des produits agricoles, des minerais de fer, de cuivre, des sels et autres minéraux.

Au rez-de-chaussée, on a disposé les bureaux de l'administration, les salles de réception et de lecture ; au premier étage, les curiosités et antiquités du Michigan sont exposées dans deux immenses salles. Il y a, en outre, une salle de réunion et une autre pour le Comité.

Au second étage, on a placé les appartements du secrétaire d'État et de sa famille, ainsi que les bureaux des employés de la Commission.

Les matériaux qui ont servi à la construction de ce pavillon, proviennent du Michigan.

La dépense de construction et d'installation peut être évaluée à 500 000 francs.

PAVILLON DE MARYLAND

Ce bâtiment est de forme rectangulaire et couvre une superficie d'environ 900 mètres. Il a été édifié dans le goût classique italien ; il est remarquable par sa colonnade, ses portiques et ses terrasses ; l'ordre employé est le composite.

Le bâtiment repose sur un soubassement élevé ; son entablement est surmonté d'une balustrade entourant une toiture plate, formant terrasse.

Les produits exposés dans ses galeries renferment principalement les tabacs si estimés de Maryland, ainsi que des matières premières textiles et des minerais de fer.

PAVILLON DE NEW-YORK

Ce pavillon, placé au Nord de Jackson-Park, en face le Palais des Beaux-Arts, est un des plus importants de ceux élevés dans le Parc ; il est composé dans le style de la Renaissance italienne. Son entablement supérieur est surmonté d'une balustrade entourant la toiture plate du bâtiment, qui est disposée de manière à constituer une immense terrasse.

On accède à cette terrasse par deux pavillons carrés qui la surmontent.

Ce palais comprend trois étages sur un soubassement élevé. Les façades sont flanquées de deux colonnades demi-circulaires. Ces portiques sont constitués par des colonnes accouplées, d'ordre ionique. Ces dernières parties de la construction sont également surmontées de terrasses.

L'entrée principale du monument est formée par une grande porte centrale plein-cintre, dont l'archivolte repose sur un entablement soutenu par de doubles colonnes ioniques.

Les expositions intérieures font ressortir la richesse industrielle de cet État.

PAVILLON DE IOWA

Ce pavillon couvre une superficie d'environ 2 000 mètres. Il est situé à l'extrémité Nord-Est de Jackson-Park. Son architecture rappelle le gothique flamand. La construction peut se diviser en deux parties : l'une à trois étages y compris les combles, l'autre à deux étages seulement. Les angles de la façade principale sont flanqués de tours massives. Vers la partie centrale, une autre tour émerge au point d'intersection des toitures des deux corps de bâtiment. Cet édifice a été construit en pierres, briques et terres cuites ; sa couverture est en ardoises.

L'état de Iowa a dépensé 250 000 francs pour son exposition.

PAVILLON DE WISCONSIN

L'aspect de ce pavillon un peu massif est original.

Il comprend un corps de bâtiment principal duquel se détache normalement une nef couverte. Cette nef est agrémentée aux angles par des tourelles Moyen-Age.

L'édifice comprend deux étages.

Au pourtour de l'ensemble précédent, des annexes en appentis viennent augmenter la superficie du rez-de-chaussée de ce pavillon. Les matériaux employés, apportés du Wisconsin, sont : la pierre, la brique, la terre cuite.

La toiture de l'édifice est en ardoises. La planche 3-4, (fig. 8), montre ce pavillon en perspective.

Il est spacieusement aménagé à l'intérieur, pour contenir les produits de ce riche État. Le bâtiment couvre une superficie de près de 2500 mètres sans compter les porches. Le prix de revient a été d'environ 200 000 francs.

PAVILLON DE RHODE-ISLAND

Le pavillon de Rhode-Island, situé au Nord-Est de l'emplacement de l'Exposition, ne couvre pas une superficie considérable ; il est cependant très remarquable, tant par son architecture que par les produits qui y sont exposés.

Son style est celui de la Renaissance Italienne.

Ses deux façades principales sont constituées par un portique ionique comprenant quatre colonnes de 10 mètres de hauteur environ. Les deux autres façades sont caractérisées par deux parties demi-circulaires en saillie, dans lesquelles sont percées trois portes principales. L'entablement se profile sur tout le pourtour du bâtiment. La corniche est surmontée d'une balustrade entourant la toiture plate de l'édifice; cette toiture est disposée en terrasse. L'ordre ionique comprend toute la hauteur de ce pavillon qui est à deux étages.

Sa construction a été faite en pans de bois recouverts de plâtre et de staff; sa toiture est en plomb.

Les frais d'établissement de cet édifice peuvent être évalués à 100 000 francs environ.

PAVILLON DU KANSAS

Le pavillon du Kansas, qui est situé au Nord-Ouest de Jackson-Park, a 2 000 mètres de superficie environ. Le style du bâtiment rappelle un peu celui des monastères espagnols; son plan est très dissymétrique.

La porte principale de cet édifice est en plein-cintre, la plupart des baies qu'il comprend ont leur partie supérieure également en plein-cintre. Le corps de bâtiment principal est surmonté d'une tour octogonale de faible hauteur, couronnée d'un dôme. Les matériaux composant la construction ont été tirés du territoire du Kansas. La couverture est en tuiles.

Ce pavillon renferme les produits et collections de cet important État. En outre des galeries d'exposition, il comprend des salles réservées au service administratif.

Le prix de revient du Palais s'est élevé à 350 000 francs environ.

PAVILLON DE LA CALIFORNIE

Il est d'un caractère presque monastique, cependant l'aspect austère de ce genre religieux est rehaussé par une inspiration mauresque, facilement reconnaissable aux coupoles et tourelles étagées de l'édifice. Sa façade latérale nous donne un spécimen de l'art antique avec son fronton principal porté sur des colonnes ioniques. La hauteur du dôme est de 28 mètres. Cette construction originale rappelle les bâtiments en briques cuites au soleil des anciens établissements espagnols, avec leurs tuiles demi-cylindriques à recouvrement, de coloration rouge foncé. Les murs, en pans de bois, sont recouverts d'une sorte d'enduit imitant les briques jaunâtres antiques. Le dôme est flanqué de quatre tours renfermant quelques-unes de ces vieilles cloches espagnoles qui ont survécu aux missionnaires qui sillonnèrent si longtemps cet État. Sa superficie totale est de 3 000 mètres carrés environ, la largeur maximum du Palais est de 170 mètres, son prix de revient est d'environ 700 000 francs.

PAVILLON DU COLORADO

Ce pavillon, d'un aspect sévère, est caractérisé par deux tours s'élevant sur les côtés de l'entrée principale. Ces tours carrées, couronnées par des balustrades découpées, sont surmontées chacune par des pavillons carrés de surface moindre, qui ont été recouverts de toits pointus, terminés en flèches.

L'entrée principale est constituée par trois portes en plein-cintre. Cette partie de la construction en saillie supporte une terrasse. Les façades latérales du pavillon présentent des window rustiques.

L'intérieur de l'édifice a été recouvert, en partie, de marbres provenant de la « Compagnie des marbres du Colorado ». Indépendamment

des produits minéraux et agricoles, la flore et la faune sont bien représentées dans les diverses sections de ce pavillon.

Les femmes du Colorado ont offert, par souscription, la fameuse
statue de Power, « le dernier de sa race », représentant un buffalo
mourant près duquel veille un Indien, la lance au poing.

L'exposition minérale est particulièrement intéressante elle met sous
les yeux du visiteur une collection de minerais d'or elle d'argent provenant des mines du Colorado.

PAVILLON DE L'OHIO

Le style de cette construction est emprunté à l'architecture italienne :
ses colonnades et ses terrasses en sont un signe caractéristique. Sa
disposition assez particulière la distingue des autres édifices. Il est
construit en pans de bois recouverts de plâtre et de staff. Il comprend
une salle de réception, des bureaux pour le Directeur général de
l'État, ceux de son personnel, etc. Quoique ce pavillon ait coûté moins
cher que les pavillons environnants, il n'en est pas moins d'un bel
aspect. Les décorations en sont fines ; son large portique circulaire est
constitué par des colonnes ioniques accouplées. La construction de ce
pavillon s'est élevée à environ 200 000 francs.

PAVILLON DE L'INDIANA

Ce pavillon occupe une superficie d'environ 2 000 mètres carrés. La
planche 3-4, figure 8, nous donne une vue de ce palais dont la construction est très originale. Il est caractérisé par deux grandes tours carrées.
Son style rappelle le gothique flamand. Les murs sont constitués par
des matériaux divers : briques, pierres et terres cuites. La couverture

est en tuiles. Tous ces produits proviennent du territoire de l'Indiana. L'intérieur de l'édifice est richement occupé par les collections et les produits de toute nature que cet État a envoyé. L'édifice renferme une vaste salle de réunion, bureaux et dépendances nécessaires à la Commission. Il comprend, en outre, un restaurant.

La dépense totale de la construction s'est élevée environ à 350 000 fr.

Nous ne détaillerons pas les autres palais des États de l'Union, les descriptions précédentes permettent de juger du genre des autres pavillons élevés par ces États.

Quant aux Palais si nombreux des nations étrangères, le cadre de cet ouvrage ne nous permet pas de les décrire.

PAVILLONS ANNEXES ET CONCESSIONS

DE

JACKSON-PARK

PAVILLON DES FORÊTS

Ce pavillon est situé au Sud, il fait face au lac Michigan. Il est certainement unique en son genre ; son architecture est toute rustique.

La toiture est soutenue par une colonnade constituée d'une série de piliers composés de troncs d'arbres de 8 mètres de longueur et dont la grosseur atteint de 40 à 50 centimètres de diamètre. Ces troncs non équarris ont été employés à l'état naturel ; ils ont été offerts par les différents Etats et Territoires de l'Union et par divers pays étrangers ; les murs sont constitués de planches. L'encadrement des fenêtres est construit de la même façon rustique que le reste du pavillon.

L'entrée principale est artistement composée avec diverses essences de bois. Les autres entrées sont également disposées de façon à montrer les bois des différents pays. Le toit est fait d'écorce tannée. Les expositions de l'intérieur sont installées en vue de montrer en détail les qualités des diverses essences.

Ce pavillon renferme une collection de produits forestiers très complète. On y voit des bois de teinture, de tannage, d'ébénisterie, des mousses, des lichens, des produits anormaux tels que les gommes, les résines, etc.

En un mot, cette exposition renferme de nombreux-échantillons d'essences constituant les richesses forestières du monde et en particulier des Etats-Unis.

LA LAITERIE

Ce pavillon d'un aspect rustique est rectangulaire, il est surmonté d'un lanterneau d'aérage. Ses dimensions sont de 66 mètres de longueur sur 33 de largeur ; il a coûté environ 170 000 francs et n'a pas été construit seulement en vue d'abriter une exposition des produits de la laiterie, mais aussi pour servir de ferme modèle.

Cette ferme-école, en raison des produits intéressants qu'elle renferme a été très appréciée par les visiteurs en général, et en particulier, par les personnes s'occupant d'agriculture. Au premier étage, en outre des bureaux, on a réservé un très grand espace pour l'exposition des beurres et leur fabrication.

Une des salles en amphithéâtre comprenant environ quatre cents places, sert de salle de conférences.

Au sous-sol, on a ménagé des chambres à glace contenant des appareils réfrigérants. La basse température ainsi obtenue permet la conservation des produits.

ROSE ISLAND

Cette île avec les fleurs et plantes grasses des tropiques, qu'on y a transplantées, donne une idée exacte de celles des pays chauds.

On y a placé le pavillon japonais qui, après la clôture de l'Exposition Colombienne, devra rester la propriété de Jackson-Park.

COUVENT DE LA RABIDA

La vue de cette construction si différente d'aspect comparée à celles qui l'entourent, avec ses murs nus et dépourvus de toute ornementation, dont les étroites fenêtres semblent percées plutôt pour l'éclairage intérieur que pour la vue du paysage sur lequel elles s'ouvrent, évoque, dans l'esprit du visiteur, l'idée de quelque monastère, dont les habitants vivent retirés du monde.

C'est, en effet, la reproduction exacte du couvent espagnol de la Rabida, dont le prieur contribua, pour une si large part, au succès de l'entreprise de Colomb.

C'était en 1492, à l'époque où les Maures d'Espagne, divisés par la guerre civile, étaient assiégés dans Grenade par les armées de Ferdinand et d'Isabelle. Le marin gênois, repoussé par ses compatriotes, traversait l'Espagne pour se rendre à la cour et y implorer des souverains, les subsides nécessaires à sa grande entreprise.

Il rencontra sur son chemin le monastère de la Rabida où les moines lui offrirent une hospitalité charitable.

Le Prieur de cette communauté, après avoir appris de Colomb le but de son voyage, offrit de lui faciliter les moyens d'arriver à la cour et d'y être écouté. Il comprit de suite la grandeur ainsi que la justesse des vues de son hôte, et il résolut de mettre tout en œuvre pour l'aider à la réussite de ses projets.

Muni des recommandations du prieur, Christophe Colomb arriva sous les murs de Grenade au moment même où Boabdil à la tête des Maures, quittait cette ville en vaincu et prenait le chemin de l'exil, abandonnant aux mains de Ferdinand et d'Isabelle, la capitale qu'il ne devait jamais revoir.

Ce fut au milieu des fêtes données en l'honneur de la victoire, qu'on présenta Colomb au roi et à la reine. Il reçut d'eux, subsides et honneurs qui lui permirent d'entreprendre ses voyages et de découvrir l'Amérique.

L'idée de la reconstruction du couvent de la Rabida a été dictée aux Américains par un sentiment de reconnaissance dont on ne saurait trop les féliciter.

Cette reproduction du couvent de la Rabida a coûté 260 000 francs.

Indépendamment des Palais, Pavillons et Installations décrites précédemment, Jackson-Park comprend une série d'autres expositions, telles que les suivantes :

École indienne ;
Maisons ouvrières ;
Épuration des eaux d'égout ;
Réservoir d'huile ;
Boulangerie ;
Héliographie ;
Phares ;
Bureau météorologique ;
Bâtiment de sauvetage ;
Arts de la Jeunesse ;
Pavillon de la Photographie ;
Serres ;
Hôpital militaire ;
Maison de thé japonaise ;
Installation frigorifique ;
Moulins, etc.

EXPOSITIONS ET ATTRACTIONS

DE

L'AVENUE DE MIDWAY-PLAISANCE

Cette partie de l'exposition, des plus agréables, comprend des cafés, restaurants, villages exotiques, panoramas, etc.

Nous y rencontrons :

Un chemin de fer glissant hydraulique ;

Des crèches qui, situées à l'entrée de l'exposition, permettent le dépôt des enfants en nourrices ;

Un village dahoméen, très pittoresque ;

Un ballon captif de grandes dimensions ;

Des villages australien et indien ;

Un village et un théâtre chinois :

Une maison de thé chinoise ;

Un pavillon marocain ;

Un panorama du volcan de Kilaucan ;

Une maison romaine ;

Un chemin de fer à glace ;

Un pressoir à cidre français ;

L'immense roue Ferris qui a environ 70 mètres de diamètre ;

Les pavillons de l'Algérie et de la Tunisie ;

Un palais maure ;

Un village turc ;

Un village allemand ;

Un panorama des Alpes Bernoises ;

Une école de natation ;

Un établissement hollandais ;

Un bazar japonais ;

L'installation de Murano et Cie, de Venise ;

Une tour circulaire ;

L'installation des verreries de Bohème ;

Une rue du Caire, etc.

Cette dernière attraction a été l'objet d'une concession accordée à M. Georges Panyolo, industriel égyptien. L'espace qu'elle occupe comprend 200 mètres de longueur et 100 mètres de largeur.

L'accès de cette rue est libre, on peut y circuler à loisir sans payer aucune rétribution, sauf à certaines heures, où elle offre un pittoresque spectacle.

Les édifices élevés dans cette rue sont des reproductions des anciennes habitations que l'on retrouve encore dans les quartiers de la capitale de l'Égypte. On y rencontre une mosquée, un musée, un théâtre, des résidences privées ; des boutiques et bazars égyptiens.

Le coup d'œil enchanteur et l'animation qui règne dans ce quartier ainsi que dans toute l'avenue, font de Midway-Plaisance la partie la plus fréquentée de l'Exposition.

CH. LABRO.

TABLE DES MATIÈRES